你的格局，决定你的结局

宿文渊 ／著

中国华侨出版社
·北京·

　　大千世界，芸芸众生，不同的人有着不同的命运。能够左右命运的因素很多，而一个人的格局，是其中最为重要的因素之一。

　　人生需要格局，拥有怎样的格局，就会拥有怎样的人生。很多大人物之所以能成功，是因为他们从自己还是不起眼的小人物的时候就开始构筑人生的格局。而所谓格局，是用长远、发展、战略的眼光来看问题；以帮助、合作、奉献的态度来交朋友；以大局为重、不计小嫌的博大胸怀来做事情。拥有大格局者，有开阔的心胸，不会因环境的不利而妄自菲薄，更不会因能力的不足而自暴自弃。格局狭小者，往往会因为生活的不如意而怨天尤人，因为一点小的挫折就一筹莫展，看问题的时候常常一叶障目，不见泰山，成为碌碌无为的人。对一个人来说，格局有多大，这辈子的成就就有多大。

　　格局并不是先天的，而是后天形成的。格局不仅是口号，更是一种战略，一种"海到无边天作岸，山登绝顶我为峰"的气概。曾国藩曾经说过这样一句名言："谋大事者首重格局。"大格局是一种智慧，大智若愚；大格局是一种境界，大勇若怯；大格局是一种深度，大音希声；大格局是一种品性，大巧若拙；大格局是一种姿态，大象无形。有大格局的人，自然就会拥有一种开阔的精神气象，这就是成功者的气场。大格局会造就一个人的坚韧和智慧，让其既可以入世去担当责任，也可以平静地面对自己内心的躁动。这样，什么样的险阻都可以平安渡过，最终凭自己的力量开创一片新的天地。

一个拥有大格局的人，能够突破自己的思维，打破舒适的境遇，勇敢地迎接挑战。他的成功与同行相比，最大的不同就是与众不同。当然，他的"与众不同"不是孤注一掷，也不是为了标新立异，而是经过自己的静心筹谋与评估之后的新思维与新策略。要知道，一个人"敢"或"不敢"往往决定了他是平庸还是卓越。

一个拥有大格局的人，深知眼前的不是永远的，他能沉得住气，弯得下腰，抬得起头。拥有大格局的人，遇事不会把责任推给他人，他往往敢担当、敢挑战、敢面对。他能把握布局，重视审局，选中适合自己的领域，气定神闲地运筹帷幄。有大格局的人遇事能跳出狭隘的思维局限，谨慎处理，完美解决让人头疼的复杂事务，从而达到人生更高、更完美的境界。

"成长的关键在于给自己建立生命格局。"当我们拥有了大格局，即能以大视角切入人生，站得更高、看得更远、做得更大。格局决定着事情发展的方向，也决定了人生舞台的大小。因为你的格局，决定你的结局！

目录

第一章

决定你上限的不是能力，而是格局

第二章

你的世界观就是你的世界

第三章

你如何过一天，便如何过一生

第四章

顺风可以奔跑，逆风却能飞翔

第五章

对自己有要求的人，运气都不会太差

第六章

嘿，会遇到很多人哦

第七章

不想对这个世界投降，就要强大到锐不可当

第八章

成熟不是心变老，是泪在打转还能微笑

第九章

你那么功利，活该你处处碰壁

第十章

爱就疯狂，不爱就坚强

第一章

决定你上限的不是能力，

而是格局

目光所及之处，便是你的未来

相信很多年轻人都会遇到这种情况，准备接受一种新潮的观点时，脑海中忽然跑出旧观念，接着新观点就被否定了；或者准备做一件从未做过的事情时，比如独自一人去旅游，但这时身边的朋友纷纷质疑："你从来没单独出过远门，会不会迷路呢""没有人照应会不会出事啊"，等等，结果旅游的计划就搁浅了……这样的情况很常见，往往是在你想进行一个与往常不同的计划时，被人质疑，继而自我否定，结果被局限在以往的格局里，无所作为。

旧格局是成功的大敌，如果一个人被拘囿在旧格局里，他就难免思维保守，盲目排外，缺乏创新意识、危机意识，对新知识、新思想、新观念的接受变慢，对新事物缺乏应有的热情和主动的态度。

年轻人如若想取得长足的进步，就一定要开放自我，打破限制自己发展的旧格局，创造新格局。

舒展新格局，需要我们注意以下几个关键因素：

1. 心态决定命运

心态决定事业的成败，心态决定人生的状态。所以，好心态才能有好格局，好格局才能有好命运。

2. 志当存高远

有一句话这样说："取乎上，得其中；取乎中，得其下。"就是说，假如目标定得很高，取乎上，至少也会得其中；而当你把目标定得很一般，很容易完成，取乎中，就只能得其下了。由此，我们不妨把目标定得高一些，因为愿景所产生的力量更容易让人在每天清晨醒来时，不再迷恋自己的床榻，而是抱着十足的信心和动力去迎接新的挑战。

3. 大处着眼，不贪一时之利

金钱财富、功名利禄都是身外之物，生不带来，死不带去。贪得太多，只会失去更多，适可而止，知足才能常乐！

4. 人生当进退自如

大丈夫应当能屈能伸。屈于当屈之时，是一种人生的智慧；伸于当伸之时，同样是一种人生的智慧。屈，是隐匿自我，是为了保存力量，是暂时处于人生的低谷；伸，是发扬自我，是为了光大力量，是为了攀登人生巅峰。只有能屈能伸的人生，才是完满而丰富的人生。

5. 宽容豁达，厚德载物

"大肚能容，容天下难容之事；慈颜常笑，笑世间可笑之人。"管子云："海不辞水，故能成其大；山不辞石，故能成其高；明主不厌人，故能成其众。"但凡成功的人，都有一种博大的胸怀。古往今来，许多事实也证明了一个真理：宽容才能成就伟大。

6. 置之死地而后生

置之死地而后生是一种胆略，是一种气势，也是一种魄力。破釜沉舟，绝处求生，这样的人生才算极致精彩！

在许多大师所指示的成功法则中，敞开自己的心门，去接受各式各样的信息和评价，是极重要的一环。切莫因为自己的浅薄和慵懒，而不接受许多深奥、开阔的智慧，坐井观天，绝非积极追求卓越人生的人所该有的态度。破除旧格局的拘囿，我们才能迎来新格局的异彩纷呈。

格局是引领风骚的精髓，是决胜千里的韬略。年轻人不应哀叹时运不济而虚度此生，应昂起不屈的头颅，打破旧格局，拼搏一番！

起点低不要紧，有想法就有地位

不可否认，因为出生背景、受教育程度等各方面原因，每个人的起点难免有高低之分，但是起点高的人不一定能将高起点当作平台，走向更高的位置。起点低也不怕，心界决定一个人的世界，有想法才有地位。年轻人首先要渴望成功，才会有成功的机会。

《庄子》开篇的文章是"小大之辩"。说北方有大海，海中有一条叫作鲲的大鱼，宽几千里，没有人知道它有多长。有一只鸟，叫作鹏。它的背像泰山，翅膀像天边的云，飞起来，乘风直上九万里的高空，超绝云气，背负青天，飞往南海。蝉和斑鸠讥笑说："我们愿意飞的时候就飞，碰到松树、檀树就停在上边；有时力气不够，飞不到树上，就落在地上，何必要高飞九万里，又何必飞到那遥远的南海呢？"

那些心中有着远大理想的人往往不能为常人所理解，就像目光短浅的麻雀无法理解大鹏鸟的鸿鹄之志，更无法想象大鹏鸟靠什么飞往遥远的南海。因而，像大鹏鸟这样的人必定要比常人忍受更多的艰难曲折，忍受更多的心灵上的寂寞与孤独。他们要更加坚强，并把这种坚强潜移到自己的远大志向中去，这就铸成了坚强的信念。这些信念熔铸而成的理想将带给大鹏伟大的心灵，而成功者正脱胎于这种伟大的心灵。尤其是起点低的人，更需要一颗渴望成功的进取心。

"打工皇后"吴士宏是第一个成为跨国信息产业公司中国区总经理的内地人，也是唯一一个取得如此业绩的女性，她的传奇也在于她的起点之低——只有初中文凭和成人高考英语大专文凭。而她成功的秘诀就是"没有一点雄心壮志的人，是肯定成不了什么大事的"。

吴士宏年轻时命途多舛，还患过白血病。战胜病魔后她开始珍惜宝贵的时间。她仅仅凭着一台收音机，花了一年半时间学完了许国璋英语三年的课程，并且在自学的高考英语专科毕业前夕，她以对事业的无比热情和非凡的勇气通过外企服务公司成功应聘到IBM公司，而在此前外企服务公司向IBM推荐的好多人都没有被聘用。她的信念就是："绝不允许别人把我拦在任何门外！"

在IBM工作的最早的日子里，吴士宏扮演的是一个卑微的角色，沏茶倒水，打扫卫生，完全是脑袋以下肢体的劳作。在那样一个纯高科技的工作环境中，由于学历低，她经常被无理非难。吴士宏暗暗发誓："这种日子不会久的，绝不允许别人把我拦在任何门外！"后来，吴士宏又对自己说："有朝一日，我要有能力去管理公司里的任何人。"为此，她每天比别人多花6个小时用于工作和学习。经过艰辛的努力，吴士宏成为同一批聘用者中第一个做业务代表的人。继而，她又成为第一批本土经理，第一个IBM华南区的总经理。

在人才济济的IBM，吴士宏算得上是起点最低的员工了，但她十分"敢"想，想要"管理别人"。而一个人一旦拥有进取心，即使是最微弱的进取心，也会像一颗种子，经过培育和扶植，它就会茁壮成长，开花结果。

我们应该承认，教育是促使人获得成功的捷径。但吴士宏只有成人高考英语大专文凭，却依然取得了成功。我们这里所指的教育是传统意义上的学校教育，你不妨就把它通俗而简单地理解为文凭。一纸文凭好比一块最有力的敲门砖，可能会有很多人质疑这一点，但是如果你知道人事部经理怎样处理成山的简历，你就会后悔当初没有上名牌大学了。他们会首先从学校中筛选，如果名牌大学应征者的其他条件都符合，他就不会再翻看其他的简历了。

但是，名牌大学就只有那么几所，独木桥实在难以通过。很多人在这一点上落后了不少，于是在真正踏上社会，走入职场时，就会有起点差异。不过值得庆幸的是，很多成功者都是从低起点开始做起的，他们之所以能在落后于人的情况下后来者居上，有进取心是不可忽略的一条。

上帝在所有生灵的耳边低语："努力向前。"如果你发现自己在拒绝这种来自内心的召唤、这种催你奋进的声音，那可要引起注意了。当这个来自内心、催你上进的声音回响在你耳边时，你要注意聆听它，它是你最好的朋友，将指引你走向光明和快乐，将指引你到达成功的彼岸。

世界那么大，别只是看看

每个人都希望自己能做一个成功的人，或许你觉得自己已经足够优秀，可是为什么离成功还有一步之遥呢？那就是，你还缺一点追求成功的雄心。

李想，北京泡泡网信息技术有限公司首席执行官，身价过亿，2006年被评为"中国十大创业新锐"。他的泡泡网在2005年的纯利润达1000万元，市场价值达2亿元。

李想2000年创建泡泡网，2001年下半年将公司从石家庄转移到北京，2005年向汽车行业扩张，一系列的动作显得迅速而具有雄心。李想从不否认自己是个有雄心的人。在将事业重心转移到北京的过程中，他遇到了点麻烦：一是之前的个人网站让他赚了点钱，二是最初和自己创业的朋友中途退出。前者是利益相诱，短时间内吃穿不愁，继续前行还是安于现状？后者是遭受伙伴打击，失去左膀右臂，前进还有动力吗？思索再三，李想毅然选择继续为事业奋斗。他不相信自己仅仅能赚几万块钱，也不相信自己的事业就此完结。

来到北京，李想重整旗鼓，扛过短暂的危机，终于使泡泡网取得了巨大发展。

如果当初李想安于享受几万块钱的财富，将继续奋斗的念头抛到脑后，他就不会有现在的成绩。一个有雄心的人才有争取更大财富和成功的可能。年轻人不应被一时的利益迷住双眼，安于现状，停滞不前，这样只会让自己慢慢"堕落"，与成功无缘，失去已有的一切。

有一个叫李刚的人，他曾经在一家合资企业任首席财务官。在成为首席财务官之前，他非常卖命地工作，也取得了突出的成绩。老板非常赏识他，第一年就把他提拔为财务部经理，第二年提拔为首席财务官。

当上首席财务官后，拿着丰厚的薪水，驾着公司配备的专车，住着公司购买的豪宅，他的生活品质得到了很大的提升。然而，他的工作热情却一落千丈，他把更多的精力放在了享乐上。

当朋友问他还有什么追求时，他说："我应该满足了，在这家公司里，我已经到达自己能够到达的顶点了。"李刚认为公司的CEO（Chief Executive Officer，首席执行官）是董事长的侄子，自己做CEO是不可能的，能够做到首席财务官就已经到达顶点了。

他做首席财务官差不多有一年的时间，却没有干出一点值得一提的业绩。朋友善意地提醒他："应该上进一点了，没有业绩是危险的。"

果不其然，几天后，他就被辞退了，丰厚的薪水没了，车子也归还给了公司。一切都是因为他的懒惰和缺乏雄心。

雄心是促使事业成功的动力。青年时期轻而易举地获得成功，如果就此心满意足，不思进取，最初的成功就会成为失败的源头。"10岁是神童，15岁是才子，但是20年之后，可能又成为平凡之人。"这句话，说透了其中的含义。

没有雄心的人，就好比没有上发条的钟表一样，要钟表走动，必须费些力气，亲自上紧发条。卡莱尔说："没有追求的人很快就会消沉。哪怕只有不足挂齿的追求也总比没有要好。"成功者都是永不知足的"野心家"，无论取得了怎样的成绩，心中总想着下一个。

年轻人大多不介意别人说自己"雄心勃勃"，却害怕被人指责为"野心勃勃"。生活中，许多极富潜力的人就是因为害怕被人说成是"野心家"而畏缩不前，不敢奋斗，不敢冒尖。任何事情要想做得出色，都是需要很强大的内心欲望，没有雄心的人内心动力不足，往往只会成为人群中的平庸角色。

所以，大大方方地做个"野心家"吧——释放自己内心的欲望，大胆去追求，相信成功就在不远处等着你！

你会成为谁，在于你认为自己是谁

未来是不确定的，无论多么周详的计划，在不确定因素面前也无能为力，所以，人必须随机应变。随机应变能力的前提就是你必须拥有确定的目标和长远的计划，用长远的眼光来思考问题。

许多人做事时容易只见树木而不见森林，被眼前的利益蒙蔽双眼，这使他们损失了长远的好处，也忽视了潜伏在远方的危险。因为有很多事表面上看来是能获利的，但是整体看来却是损失。常言说得好："因小失大。"假使你以单纯的想法自以为获利了，等到后来，往往会发现其实是受到损失了。

年轻人一定要高瞻远瞩，培养自己预见未来的能力。

公元前415年，雅典人准备攻击西西里岛，他们以为战争会给他们带来财富和权力，但是他们没有考虑到战争的危险性和西西里人抵抗战争的顽强性。由于求胜心切，战线拉得太长，他们的力量被分散了，再加上联合起来的西西里人，他们更难以应付了。雅典的远征导致了历史上伟大的一个文明国家的覆灭。

一时的心血来潮给雅典人带来了灭顶之灾，胜利的果实的确诱人，但远方隐约浮现的灾难更加可怕。因此，不要只想着胜利，还要想着潜在的危险，这种危险有可能是致命的，不要因为一时的冲动而毁了自己。

我们应时刻保持清醒的头脑，考虑到一切存在的可能，根据变化随时调整自己的计划。世事变幻莫测，我们必须具有一定的预见未来的能力。一旦未来可能出现的种种情况得到了检验，就应该确定自己的目标，同时要明智地为自己准备好退路。

做任何事都要建立在对未来有所预见的基础上，这样，你也可以很好地控制自己的情绪，而且比较不容易受到其他情况的诱惑。许多人做事功亏一篑就是因为对未来没有预见，头脑模糊，意识不明确。

有的人认为自己可以控制事态的发展，但是在实施的过程中往往因为思路模糊不清而失败。他们计划得太多，又不懂得随机应变。所以，要想成功必须拥有确定的目标和长远的计划，还要有随机应变的能力。

预见未来的能力是可以通过实践探索慢慢培养的。要有明确的目标，但必须实事求是地对客观现状进行分析评估；计划要周密，模糊的计划只能让你在麻烦中越陷越深。年轻人如果能够克服这种短视行为，将获得更多意想不到的收益。

想在别人前面，走在别人前面

人们常说："一步领先，步步领先；一步落后，步步落后。"的确，一个人如果总是走在别人的后面，就很难把握生活的契机，也就很难迈上"领先"的道路，给自己的发展带来很大的限制。因此，年轻人要培养和树立超前意识，使自己具备前瞻眼光，这对自己今后的人生极为重要。

无论是在生活中还是工作中，年轻人都要善于在每件事情上以超前的眼光和意识去看一看、想一想，有没有什么潜在的"契机"可以抓。如果有，就要抓住不放，并让它最大限度地体现出实际成果。培养这种意识，把眼前的利益放在更长远的目标上来看待，能缩短我们与成功之间的距离。

2008 年东莞的颖祺公司非常引人注目，在很多企业倒闭的时候，它却呈现出生产繁忙的景象：堆满院内走廊的货物，热闹的生产车间，让人很难感觉到当下外贸出口形势困难的压力。由于 2008 年的生产量是 2007 年的一倍多，所以公司把接待大厅也当成了成品仓库。

这家企业致富的秘密武器是电脑程序生产车间里的一排排 2007 年引进的电脑织机。电脑织机可以大大提高生产力，一个员工可以操作 8~10 台，按 8 个小时计算，每台织机的产量是以前手工的横拉针织机的 2.5 倍，不仅大大提高了生产效率，而且还降低了生产成本，一台针织机可以代替 28 个劳动力。

2007 年初，颖祺公司的领导层就明显感觉到了劳动力成本上升的压力，工人的工资不断上涨，但每个工人的生产效率却没有提高多少，于是每件衣服的成本不断地上升，而由于竞争激烈，出口价格却在不断下降。能否降低用工成本，成了企业的一条生死线。因此，公司决定投入上亿元引进先进设备，致力技术改造，提高生产效率。电脑织机还有一个好处，就是它能够提高产品的产量和更新款式（有些款式手工做不出来）。

因为电脑织机带来的产量及质量的双重保证，客商对颖祺公司比较有信心，认可度也提升了。2008 年，世界毛衣三巨头的前两位都伸出橄榄枝，主动找到颖祺公司要求建立客户关系。颖祺公司因此可以淘汰掉一些素质比较低、利润比较薄的产品客户，公司的客户层次有了一个质的飞跃。2008 年，公司的利润率已冲高到 25%。

2008 年中，颖祺公司在创新路上更进一步，成立了产品研发设计室，自主开发新产品，外商从中看到合适的款式，就交钱下订单。尝到了外贸领域高附加值产品的甜头后，颖祺公司开始积极筹备国内市场的开发，两条腿走路是企业规避国际风险的一个方法。颖祺公司开发的自主品牌"颖和祺"服饰，2007 年 11 月已经获得广东省授予的名牌，2008 年更为公司获得了不少利润。长远的目光加上超前的行动，是颖祺公司取得辉煌成绩的重要原因。

中国有句古语：凡事预则立，不预则废。说明在做任何事时，事先预见和做好准备是成功的关键。许多人做事失败就是因为没有用将来的眼光看事情，没有想在他人面前、走在他人前面，思想模糊，意识不明确。

所以，年轻人要注意在实践中培养自己用将来的眼光看问题的能力，这样才能想在他人前面，走在他人前面，更快遇见成功。

你穿得那么讲究，却活得那么将就

一个人能取得多大的成功，不是取决于一个人才能的高低，而是取决于他有多高层次的需要。在同样的一个社会，一些人成就大业，一些人取得小成功，一些人一蹶不振。不少人为了一个远大的目标，能经受长年累月的奋斗考验，做长期的努力，也有不少人虽向往成功，却经受不起几次挫折便向困难投降。

你的需要是什么？产生的内在动力是强还是弱？一个小马达，也许可以带动一辆小拖车，但绝对带动不了一列火车。你想成就大业就要了解带动火车飞速前进的动力机车与一般小马达的区别。确切地说，你必须了解你内心世界能推动你前进的动力是什么，有多大。

一般情况下，人们必须先生存后发展，所以人的低层次的生理需要、安全需要比高层次的爱的需要、尊重的需要更加强烈。自我实现的需要，一般要在前面四个层次的需要得到基本满足之后才会产生。有些人由于长期没得到低层次需要的满足，可能会永久地失去对高层次需要的追求。

然而，从成功的大小来说，高层次的需要推动大成功，低层次的需要推动小成功。

有一位名叫麦克法兰的世界级运动员，两岁半便双目失明，但他硬是在母亲的鼓励和父亲的帮助下，以自己身体各个部分的"肌肉记忆"感知世界，不仅具有顽强的生存本领，而且在摔跤、滑冰、游泳、掷铁饼、掷标枪等体育项目中获得了全国和国际比赛的103枚金牌，改变了盲人只能靠拐杖或导盲犬生活的命运，创造了许多健全者也难以做到的奇迹……

在心中播下希望的种子，这样你就能够在艰苦的岁月抱有一份希望，不至于被各种困难吓倒，最终走出困境，达到理想的目标。在不断前进的人生中，凡是看得见未来的人，也一定能掌握现在，因为明天的方向他已经规划好了，知道自己的人生将走向何方。留住心中的"希望种子"，相信自己会有一个无可限量的未来，心存希望，任何艰难都不会成为我们的阻碍。只要怀抱希望，生命自然会充满激情与活力。

另一位著名人物的经历也很感人。

1921年8月，一位39岁的美国人突然患了小儿麻痹症，双腿僵直，肌肉萎缩，臀部以下全麻痹了。而这个沉重的打击发生在他作为民主党的副总统候选人参加竞选而败北以后，他的亲属、挚友都陷入极度失望之中，医生也预言他能保住性命就是万幸。但他不屈服于命运的坚强意志使他无论如何也不相信这种病能整倒一个堂堂男子汉。为了活动四肢，他经常练习爬行；为了激励意志，他把家里的人都叫来看他与刚学会走路的儿子进行比赛，每一次都爬得气喘吁吁，汗如雨下……目睹那催人泪下的场面时谁也没想到，十余年以后，他奇迹般地当选为美国第37届总统，坐着轮椅进入白宫。他，就是美国历史上唯一一位连任四届总统的罗斯福。

欲望的力量是惊人的，只要你能用强大的欲望之力去推动成功的车轮，你就可以平步青云，攀上成功之岭，改变生活的一切。

像罗斯福这样的例子还有很多。如果把世界上类似的奇迹都倒推回它们刚刚开始出现的那种状态，我们就会惊奇地发现，一切都是从似乎"不可能"开始的。穿过开始和结局之间那个充满了拼搏奋斗、挫折失败和一个个小成功的漫长过程，我们所发现的这句凡人格言总是会得到证明：欲望可以改变一切。

在你的头脑中也有自我实现的钥匙，在你的身边埋藏着无数愿望。把它们发掘出来加以培养，转化成强烈的欲望，这是打开成功之门的另一把钥匙。

人生确有许多不完美之处，每个人都会有这样或那样的缺陷。其实，没有缺憾我们便无法去衡量完美。仔细想想，缺憾其实也是一种完美。人生就是充满缺陷的旅程，正因为此，人类永远不满足自己的思维、自己的生存环境、自己的生活水准。没有缺陷就意味着圆满，绝对的圆满便意味着没有希望，没有追求，便意味着停滞。人生圆满，人生便停止了追求的脚步。

悲哀于命运的人往往是那些最喜欢流泪、放弃的人，泪水无益于把握命运。及时擦干泪水，相信未来，摆脱现实的枷锁，大胆追梦，辉煌终将属于自己。

梦想是所有行动的根茎，很多人之所以失败，就在于他们从来都不肯种下一颗梦想的种子，不肯将行为的规划移植到自己的梦里。

带上使命去闯世界，结果会大不同

心界决定一个人的世界。只有渴望成功，你才能有成功的机会。不渴望成功的人，永远得不到成功的机会。成功学大师卡耐基曾说过："欲望是开拓命运的力量。有了强烈的欲望，就容易成功。"努力是获得成功的先决条件，而强烈的成功欲望是努力的原动力。同样如此，强烈的成功欲望，构成了成功的前提条件。我们都不想过失意的日子，那么就要改变自己的想法，从内心产生一种成功的欲望，并让这种欲望时时刻刻激励着我们，我们将迎着这一目标不断前行。大部分成功者的体会是，成功的欲望是创造和拥有成功的源泉。

思想是行动的指挥官，如何思考就将有如何的行动。倘若我们拥有强烈的成功欲望，那么我们会将自己的一切行动、情感、个性、才能调动起来，并使之与成功的欲望相吻合。对于一些与成功的欲望相冲突的东西，我们将会极力去克制，并使之转为有利于成功的条件。久而久之，经过长期的努力，我们将会成为一个成功的人，最终使最初的成功愿望变为现实。反之亦然，在没有强烈的成功欲望的指引下，挫折便会立刻浇灭成功的激情，而后偃旗息鼓，将成功的愿望压抑下去。

那些心中有着远大理想的人常常是不能为常人所理解的，就像目光短浅的麻雀无法理解大鹏鸟的鸿鹄之志，更无法想象大鹏鸟靠什么飞往遥远的南海。因而，像大鹏鸟这样的人必定要比常人忍受更多的艰难曲折，忍受心灵上的寂寞与孤独。因而，他们必须要坚强，把这种坚强潜移到他们的远大志向中去，这就铸成了坚强的信念。这些信念熔铸而成的理想将给大鹏鸟伟大的心灵，而成功者正脱胎于伟大的心灵。

本·侯根是世界上最伟大的高尔夫选手之一。他并没有其他选手那么好的体能，能力上也有一点缺陷，但他在坚毅、决心，特别是追求成功的强烈愿望方面高人一筹。

本·侯根在他玩高尔夫球的巅峰时期,不幸遭遇了一场灾难。在一个有雾的早晨,他跟太太维拉丽开车行驶在公路上,当他在一个拐弯处掉头时,突然看到一辆巴士的车灯。本·侯根想这下可惨了,他本能地把身体挡在太太面前来保护她。这个举动反而救了他,因为方向盘深深地嵌入了驾驶座。事后他昏迷不醒,过了好几天才脱离险境。医生们认为他的高尔夫生涯从此结束了,甚至断定他能站起来走路已经很幸运了。

但是他们并未将本·侯根的意志与需要考虑进去。他刚能站起来走几步,就萌发了出人头地的梦想。他不停地练习,并增强臂力。无论工作到哪里,都保留高尔夫俱乐部的资格。起初他还站得不稳,再次回到球场时,也只能在高尔夫球场上蹒跚而行。后来他稍微能走路,就走到高尔夫球场上练习。开始只打几球,但是他每次去都比上一次多打几球。最后,当他重新参加比赛时,名次很快地上升了。

理由很简单,他有必赢的强烈愿望,他知道他又会回到高手之列。普通人跟成功者的差别就是有无这种强烈的成功愿望。

认识到思想能够控制行动是20世纪的一项人类重大发现。思维模式决定了我们的行动模式,是否有强烈的渴望成功的欲望决定了我们行动的效力,人们总是对自己感兴趣的东西给予更多的关注。强烈的成功欲望,会指引我们发挥自身最大能量,结合自己的知识、人际关系、能力等多方面因素,最大限度地朝着我们的目标前进。保持一颗持久的渴望成功的心,我们就能获得成功。

那些人人都走的路,是你想要的路吗

富兰克林曾经说过:"宝贝放错了地方便是废物。人生的诀窍就是找准人生定位,定位准确能发挥你的特长。经营自己的长处能使你的人生增值,而经营自己的短处会使你的人生贬值。"如果你到现在还没有给自己准确定位的话，那么你就应该抓紧时间，坐下来分析一下自己，根据自己的特点，寻找真正适合自己的位置。只有坐在适合自己的位置上，你才能得心应手，在人生的舞台上游刃有余。

一个炎热的日子，一群女性正在一家公司的车间工作，这时，几位高层领导的视察打断了她们的工作。几位领导中的总裁走到车间主任刘欣怡的面前停了下来，对车间主任说："辛苦了，老刘！"然后，她们进行了简短而愉快的交谈。

领导们一离开，刘欣怡的下属立刻围住了她，她们对于她是公司总裁的朋友感到非常惊讶。刘欣怡解释说，20多年以前她和总裁是在同一天开始在这个公司工作的。

其中一个人半认真半开玩笑地问她："为什么你现在仍在车间工作，而她却成了总裁？"刘欣怡说："20多年前我为生存而工作，而她却是为自己的总裁目标而工作。"

一个人成就的大小在某种程度上取决于自己对自己的评价，这种评价有一个通俗的名词——定位。在心中你给自己的定位是什么，你就是什么，因为定位能决定人生，定位能改变人生。

同样的起跑线，却因为定位的不同，两个人的人生有了翻天覆地的变化。事实告诉我们，定位的高低决定地位的高低。所以，我们要有自己明确的目标，甚至有点野心也无妨，找到了目标，你就成功了一半。你要知道自己要干什么，然后将这些目标付诸行动，这样你才能获得你想要的成功。

"定位"这一概念最初由美国营销专家里斯和屈特于1969年提出，即商品和品牌要在潜在的消费者心中占有位置，企业经营才会成功。随后，定位外延扩大，大至国家、企业，小至个人、工作等，均存在定位的问题，事关成败兴衰。

定位是对自己的一种期盼与要求，一个人能否给自己正确定位，将决定其一生成就的大小。志在顶峰的人不会落在平地，甘心做奴隶的人永远也不会成为主人。

你可以长时间卖力工作，创意十足，聪明睿智，才华横溢，甚至好运连连——可是，如果你无法在创造过程中给自己准确定位，不知道自己的方向在哪里，一切都会徒劳无功。可以说，定位的高低将决定你地位的高低。

一个乞丐站在地铁出口卖铅笔，一名商人路过，向乞丐杯子里投入几枚硬币，匆匆而去。过了一会儿，商人回来取铅笔，说："对不起，我忘了拿铅笔，因为你我毕竟都是商人。"

听了这句话后，乞丐猛然意识到，自己不只是一个乞丐，更重要的是，还是一个商人。于是，他的生活目标发生了很大改变，他开始倒卖一些在市场上受欢迎的小商品，在积累了一些资金后，他买下一家杂货店。由于他善于经营，后来成了一家超级市场的老板，并且开始考虑开几家连锁店。

你定位于乞丐，你就是乞丐；你定位于商人，你就是商人，不同的定位成就不同的人生。故事中的乞丐一开始并没有意识到自己还有另一重身份，他只是把自己定位于乞丐，一个接受别人怜悯和施舍的乞丐。直到他遇见了商人，商人的一句话点醒了他，从此，他找到了新的定位，并为自己的生活而奋斗，于是，他摆脱了乞丐的命运。

可以这么说，如果定位不正确，你的人生就会像失去指南针一样迷茫，有时甚至会发生南辕北辙的事；而准确的人生定位，不但能帮助你找到合适的道路，更能缩短你与成功的距离；而一个高的定位，就像一股强烈的助推力，能帮助你节节攀升，开创更大范围的成功。

尼采曾经说过："聪明的人只要能认识自己，便什么也不会失去。"正确认识自己，才能充满自信，才能使人生的航船不迷失方向。正确为自己定位，才能正确确定人生的奋斗目标。有了正确的人生目标，自己才会变得更加卓越。

找准你的坐标，你便在成功的道路上迈出了一步。

第二章

你的世界观就是你的世界

你的世界观就是你的世界

回顾自己的一生，想想在自己已经走过的人生道路上，有多少选择没有遵从自己的本意，而服从了大众的评判标准？有没有因为一个大众眼里的稳定工作，放弃了自己的理想？有没有因为不好意思当大众眼里的"大龄剩女"，而选择一个不爱的人走入婚姻殿堂？有没有因为惧怕丢面子，而在一段无望的婚姻中挣扎？

因为不好意思，而做的那些违心决定，真的堵住那些悠悠之口了吗？其实，这个世界上，除了自己，没有人能够为你的人生负责。所以，你是怎样的人，你有怎样的生活，怎么样的成就，怎样的人际关系，都在于你自己的选择。

如果给你一个重新选择的机会，你会选择赚钱多的工作，还是自己喜欢的工作？如果你可以抛去金钱的因素、世俗的眼光，你最想做的工作是什么？你还会坚持现在的选择吗？相信很多人都会做出否定的答案。有人曾经用这个问题问过很多人，大家的回答五花八门，有人希望做一个园艺师，有人希望可以独自去流浪，有人想做一个花店的老板娘，还有人想开一家精致优雅的咖啡店……

而现实中的他们却可能是会计师、政府公务员、企业高管等，有着令人仰视的职位，拿着令人垂涎的薪水。没有人知道他们心里最朴素的愿望。愿望与现实的差距，造成了他们的不快乐，甚至有很多人整日处在抱怨声中，抱怨生活不如意，抱怨工作压力大，他们或许总是在向别人解释，现在的样子并不是自己想要的生活。可是越是总在抱怨"这不是我想要的生活"的人，其实越是不知道自己到底想要什么。如果这不是你想成为的样子，那么你知道自己想要成为什么样的人吗？

有人说，如果你做着自己喜欢的工作，那么从早上九点到晚上六点你是快乐的，如果你找到了一个你爱的人，那么从晚上六点到早上九点你是快乐的。但现在很多年轻人在选择工作的时候，都有一种普遍的浮躁心理，只看到了工作的薪水、前景、保险等，却唯独忘了问问自己心里的声音，你能不能从这份工作里找到自己的成就感，你能不能保持自己对生活的激情？

实现这个目标的关键，就在于你能不能听到自己内心的声音。因为只有一个内心坚定的人，才能抵住现实中的种种诱惑。

小时候大家爱看动画片，长大了喜欢看一夜致富的神话；前者是因为一个不起眼的小女孩，能够顿时飞上枝头成凤凰。而一个平凡的人，能够因为某个机会，立刻赚得大钱，多么振奋人心，多么引人入胜，令众人羡慕不已！因此，正如拍电影、写小说为追求戏剧效果、吸引观众，必须放弃冗长无聊的细节，而将一个白手起家的富人或一家成功的企业，全归功于一两次重大的突破，把一切的成就全归功于少数几次的财运。戏剧的手法就把漫长的财富累积过程完全忽略了。但是小说归小说，电影归电影，现实生活中不可能有那么肤浅而富戏剧性的事情。

中国有句古语："淫慢则不能励精，险躁则不能冶性。"可以说我们现在的社会是一个浮躁的社会，金钱、欲望、低俗、焦虑充斥在人们的生活中，流光溢彩的大千世界，每个人似乎都难以抑制那颗躁动的心，它使你义无反顾地冲向前面不可名状的诱惑。这种种的诱惑中有虚无缥缈的名，有金光闪闪的利。这些令人眼花缭乱的名和利，是让人浮躁的根源。

尤其是那些涉世不久、一文不名但却没啥经验的年轻人，总愿意听"身边人"讲发财的传奇故事和高额回报的生财之道，幻想着自己是剧中的主人公，希望自己也能一觉醒来成为富翁，天上的馅饼砸在自己的头上。有的年轻人，自己身无分文，在社会上毫无根基，还是一个伸手族、啃老族和失业者，却不肯扎扎实实地靠诚实劳动来自立自强，总想走捷径赚大钱，当大款。这个浮躁的心理，真是危害太大了！它驱使一些本来十分优秀的青年铤而走险，最后，钱没赚到多少，却毁了自己的美好的人生前程。

要争气，别生气

在现实中，我们难免要遭遇挫折与不公正的待遇，每当这时，有些人往往会产生不满，不满通常会引起牢骚，希望以此引起更多人的同情，吸引别人的注意力。从心理角度上讲，这是一种正常的心理自卫行为。但这种自卫行为同时也是许多人心中的痛，牢骚、抱怨会削弱责任心，降低工作积极性，这几乎是所有人为之担心的问题。

通往成功的征途不可能一帆风顺，遭遇困难是常有的事。事业的低谷、种种的不如意让你仿佛置身于荒无人烟的沙漠，没有食物也没有水。这种漫长的、连绵不断的挫折往往比那些虽巨大却可以速战速决的困难更难战胜。在面对这些挫折时，许多人不是积极地去找一种方法化险为夷，绝处逢生，而是一味地急躁，抱怨命运的不公平，抱怨生活给予自己的太少，抱怨时运不佳。

奎尔是一家汽车修理厂的修理工，从进厂的第一天起，他就开始喋喋不休地抱怨，什么"修理这活太脏了，瞧瞧我身上弄的"，什么"真累呀，我简直讨厌死这份工作了"……每天，奎尔都是在抱怨和不满的情绪中度过。他认为自己在受煎熬，在像奴隶一样卖苦力。因此，奎尔每时每刻都窥视着师傅的眼神与行动，稍有空隙，他便偷懒耍滑，应付手中的工作。

转眼几年过去了，当时与奎尔一同进厂的三个工友，各自凭着精湛的手艺，或另谋高就，或被公司送进大学进修，独有奎尔，仍旧在抱怨声中做他讨厌的修理工。

抱怨的最大受害者是自己。生活中你会遇到许多才华横溢的失业者。

当你和这些失业者交流时，你会发现，这些人对工作充满了抱怨、不满和谴责。要么就怪环境条件不够好，要么就怪老板有眼无珠，不识才，总之，牢骚一大堆，积怨满天飞。殊不知这就是问题的关键所在——吹毛求疵的恶习使他们丢失了责任感和使命感，只对寻找不利因素兴趣十足，从而使自己发展的道路越走越窄。他们与公司格格不入，变得不再有用，只好被迫离开。你如果不相信，你可以立刻去询问你所遇到的任何 10 个失业者，问他们为什么没能在所从事的行业中继续发展下去，10个人当中至少有 9 个人抱怨旧上级或同事的不是，绝少有人能够认识到，自己之所以失业是失职的后果。

提及抱怨与责任，有位企业领导者一针见血地指出："抱怨是失败的一个借口，是逃避责任的理由。这样的人没有胸怀，很难担当大任。"仔细观察任何一个管理健全的机构，你会发现，没有人会因为喋喋不休的抱怨而获得奖励和提升。这是再自然不过的事了。想象一下，船上的水手如果总不停地抱怨：这艘船怎么这么破，船上的环境太差了，食物简直难以下咽，以及有一个多么愚蠢的船长。你认为，这名水手的责任心会有多大？对工作会尽职尽责吗？假如你是船长，你是否敢让他做重要的工作？

如果你受雇于某个公司，就发誓对工作竭尽全力、主动负责吧！只要你依然还是整体中的一员，就不要谴责它，不要伤害它，否则你只会诋毁你的公司，同时也断送了自己的前程。如果你对公司、对工作有满腹的牢骚无从宣泄时，做个选择吧。一是选择离开，到公司的门外去宣泄，当你选择留在这里的时候，就应该做到在其位谋其政，全身心地投入公司的工作上来，为更好地完成工作而努力。记住，这是你的责任。

一个人的发展往往会受到很多因素的影响，这些因素有很多是自己无法把握的，工作不被认同、才能不被重用、职业发展受挫、上司待人不公平、别人总用有色眼镜看自己……这时，能够拯救自己出泥潭的只有忍耐，学会忍耐你就能渐渐找到自己可以改变的不公平。比尔·盖茨曾告诫初入社会的年轻人：社会是不公平的，这种不公平遍布于个人发展的每一个阶段。在这一现实面前任何急躁、抱怨都没有益处，只有坦然地接受这一现实并忍受眼前的痛苦，才能扭转这种不公平，找到你可以改变的不公平，使自己的事业有进一步发展的可能。

年轻人，碌碌无为才是最辛苦的人生

"在人生的道路上，所有的人并不站在同一个场所——有的在山前，有的在海边，有的在平原，但是没有一个人能够站着不动，所有的人都得朝前走。"这是泰戈尔的名言。我们每个人都有自己的位置，也许低也许高，并不是所有的人都能有机会站在人生的最高顶点，但是"所有的人都得朝前走"，即不论是谁都要努力进取。我们不一定要创造丰功伟绩，但不论现在的成绩如何，我们都要不断超越现在，不断进取才有成功的机会，而安于现状被安逸生活吞噬进取心的人，则永远没有体验人生风景的机会。

有一天，沼泽向在自己身边奔流而过的河流问道："你整天川流不息，一定累得要命吧？你一会儿背着沉重的大船，一会儿负着长长的水筏，在我眼前奔流而过。小船小划子更不用说了，它们多得没有个穷尽。你什么时候才能抛弃这种无聊的生活呢？像我这样安安逸逸地生活，你找得到吗？我是一个幸福的闲人，舒舒服服、悠悠闲闲地荡漾在柔和的泥岸之间，好比高贵的太太们窝在沙发的靠枕里一样。大船小船也罢，漂来的木头也罢，我这儿可没有这些无谓的纷扰，甚至小划子有多重我都不知道，至多偶尔有几片落叶漂浮在我的胸膛上，那是微风把它们送来和我一起休息的。一切风暴有树林挡住，一切烦恼我也沾染不上，我的命运是再好不过的了。周围的尘世不断地忙忙碌碌，我却躺在哲学的梦里养神休息。"

"哲学家，你既然懂得道理，可别忘了这条法则，"河流回答，"水只有流动才能保持新鲜，我成了伟大壮阔的河流就是因为我不躺在那儿做梦，而是按照这个法则川流不息。结果呢，我的源源不绝的水，又多又清的水，年复一年地给人们带来了幸福，因而赢得了光荣的名誉，或许我还要世世代代地川流不息下去。那时候，你的名字就不会有人知道了。"

多年以后，河流的话果然应验了，壮丽的河仍旧川流不息，沼泽却一年浅似一年。沼泽的表面浮着一层黏液，芦苇生出来了，而且生长得很快，沼泽最终干涸了。

这个故事告诉我们，一成不变能换取一时的安逸，却得不到丝毫成长，只会慢慢退步，甚至慢慢衰亡。

成功的人往往都是一些不那么"安分守己"的人，他们绝对不会因取得一些小小的成绩而沾沾自喜。每一个渴望成功的人都要谨记：只有不断"砸烂"较差的，你才能完全没有包袱，创造出更好的，走上成功的殿堂，就像下面的故事中讲到的一样。

一位雕塑家有一个12岁的儿子。儿子要爸爸给他做几件玩具，雕塑家只是慈祥地笑笑，说："你自己不能动手试试吗？"

为了制作自己的玩具，孩子开始注意父亲的工作，常常站在大台边观看父亲运用各种工具，然后模仿着运用于玩具制作。父亲也从来不向他讲解什么，放任自流。

一年后，孩子好像初步掌握了一些制作方法，玩具造得颇像个样子。这样，父亲偶尔会指点一二。但孩子脾气倔，从来不将父亲的话当回事，我行我素，自得其乐，父亲也不生气。

又一年，孩子的技艺显著提高，可以随心所欲地摆弄出各种人和动物形状。孩子常常将自己的"杰作"展示给别人看，引来诸多夸赞。但雕塑家总是淡淡地笑，并不在乎似的。

有一天，孩子存放在工作室的玩具全部不翼而飞，他十分惊疑！父亲说:"昨夜可能有小偷来过。"孩子没办法,只得重新制作。半年后,工作室再次被盗!又半年,工作室又失窃了。

孩子有些怀疑是父亲在捣鬼:为什么从不见父亲为失窃而吃惊、防范呢?偶然一天夜晚,儿子夜里没睡着,见工作室灯亮着,便溜到窗边窥视:父亲背着手,在雕塑作品前踱步、观看。好一会儿,父亲仿佛做出某种决定,一转身,拾起斧子,将自己大部分作品打得稀巴烂!接着,将这些碎土块堆到一起,放上水重新混合成泥巴。孩子疑惑地站在窗外。这时,他又看见父亲走到他的那批小玩具前。只见父亲拿起每件玩具端详片刻,然后,父亲将儿子所有的自制玩具扔到泥堆里搅和起来!当父亲回头的时候,儿子已站在他身后,瞪着愤怒的眼睛。父亲有些羞愧,温和地抚摩儿子的脸蛋,吞吞吐吐道:"我……哦,是因为,只有砸烂较差的,我们才能创造更好的。"

10年之后,父亲和儿子的作品多次同获国内外大奖。

人也只有在不断进取的状态下才能够永葆生命的活力。既然生命不息,那就应该不断进取,超越自我。奔腾不息的流水才能够永葆生命的新鲜与活力,对于积极进取的人来说,每天都是一个崭新的起点,因为进取心带来的激励存在于我们人体内,它推动我们完善自我,追求完美的人生。

一个有事业进取心的人,可以把"梦"做得高些,虽然开始时是梦想,但只要不停地做,不轻易放弃,梦想终能成真。一旦我们每一个人有幸受这种伟大推动力的引导和驱使,生命就会成长、开花、结果。

胡巴特说:"这个世界愿对一件事情赠予大奖,包括金钱和荣誉,那就是'进取心。'"进取心是存在于我们体内的一种神秘又伟大的力量。也许我们正处于人生起步,也许已经小有成就抑或仍然平凡,无论我们处于什么样的高度,也要时刻提醒自己,生活还在继续,要一直向前,而不该原地踏步,数着自己的脚印过活。经济不景气,金融危机,这一切使得竞争更加残酷。年轻人只要让自己能够迅速地成长,不断地学习、不断地拼搏，知识面就会越广，得到的信息就会越多，人生的视野就会越来越开阔。

活得漂亮，贵在积极进取

具有积极心态的人，即使在恶劣的环境中，也能寻找自身的闪光点，为自己铺就一条光明大道。

在一座荒芜的山上，曾经有两块相同的石头。三年后，它们的命运却发生了巨大的变化，一块石头受到很多人的敬仰和膜拜，而另一块石头却受到人们的唾骂。受人唾骂的石头极不平衡地说道："老兄呀，三年前，我们同为一座山上的石头，今天却产生这么大的差距，我的心里特别痛苦。"另一块石头答道："老兄，你还记得吗？三年前，我们都厌恶了这座荒僻的山，但你认为既然在这个环境里，就只能忍受，而我却主动要求雕刻家为我雕塑。这样，我们就有了现在不同的境遇。"

环境如何并不能成为消极被动的借口。那块没有改变的石头不懂这一点，一味把责任推给环境。如果一个人处于顺境便盲目满足、放弃努力，遇到成功便自我满足、停滞不前；处于逆境便轻易退缩、灰头土脸，遇到困难便轻言放弃、怨天尤人，他就为消极的种子创造了最容易破土发芽的环境。

美国电视传媒金牌主持人莎莉·拉斐尔在她30年的职业生涯中，曾遭遇18次辞退。可是她每次都能够积极面对，并且放眼更高处，确立更远大的目标。

由于美国的无线电视台都认为女性不能吸引听众，没有一家肯雇用她，她不得不到波多黎各去，苦练西班牙语。有一次一家通讯社拒绝派她到多米尼加共和国去采访一次暴乱事件，她便自己凑旅费飞到那里，然后把自己的报道出售给电视台。

1981 年，她遭遇纽约一家电视台的辞退，说她跟不上时代，结果她失业了一年多。在此期间，她向国家广播电台的一位职员推销她的谈话节目构想。"我相信公司会有兴趣。"那人如此答复她。但是此人不久就离开了国家广播电台。后来她碰到该电台的另一位职员，再度提出她的构想，虽然此人也一再夸奖她的构想，但是不久他也失去了踪影。最后她说服第三位职员雇用她，此人虽然答应了，但是提出要她在政治台主持节目。"我对政治所知不多，恐怕很难成功。"她对丈夫如此说，但丈夫鼓励她去尝试。

1982 年夏天，她的节目终于开播了。多年的职业生涯使她早已对广播驾轻就熟，于是她利用自己平易近人的优势和作风，大谈 7 月 4 日美国国庆对她自己有什么意义，又请听众打电话畅谈他们的内心感受。

听众立刻对莎莉的这个节目产生了兴趣，她也因此一夜成名。

莎莉的职业生涯可谓一波三折，但她依然不屈不挠、积极向上。也正是凭着这样的信念，她才历尽艰难，战胜逆境，取得事业的成功。

决定我们命运的不是环境，而是心态。无论身处什么样的环境，一旦养成了消极被动的工作态度和习惯，人就很容易不思进取、目光狭隘，慢慢地丧失活力与创造力，忘记自己当初信誓旦旦的人生信条与职业规划，最终走向好逸恶劳、一事无成的深渊。

环境是好是坏，标准并不在环境本身，而在于人如何自处：置身其间，不迷失自己，保持积极主动的精神，这样的环境再"坏"也是好环境；反之，再"好"的环境也是坏环境。环境对人确实有一定的影响，而最关键的还是人自身，顺境或逆境都不能成为消极被动的借口。难怪有人说，我们的环境——心理的、感情的、精神的，完全由我们自己的态度来创造。

年轻人只要学会不被困境摆布的人生态度，最终就能够打破常规，获得奇迹般的胜利。

这世界上只有一种赢，就是有资格去选择自己的人生

有些人总是抱怨一次又一次地错失机会，就是由于他们总是在自己原本对的时候，向反对意见妥协了；在不知道自己正确与否时，只要有反对的声音，就不敢坚持自己的意见，最终错失了机遇。

哈里·盖瑞讲了一个他小时候的故事。

一天，他的老师让他站起来背诵一篇课文。当他背至某处时，响起了老师冷漠平静的声音："不对！"

他犹豫了一下，又从头开始背起。当背到相同的地方时，又是老师一声斩钉截铁的"不对"阻断了他的进程。

"下一个！"老师叫道。

哈里·盖瑞坐了下来，觉得莫名其妙。

第二个同学也被"不对"声打断了，但他继续往下背，直到背完为止。当他坐下时，得到的评语是"非常好"。

"为什么？"哈里向老师埋怨道，"我背得和他一样，你却说'不对'！"

"你为什么不说'对'并且坚持往下背呢？仅仅了解课文还不够，你必须深信你了解它。除非你胸有成竹，否则你什么都学不到。如果全世界都说'不'，你要做的就是说'是'，并证明给人看。"

在别人都说"不"的时候说"是"，说起来容易，做起来的确需要勇气。大部分人都需要其他人的附和才会坚持自己的意见，很少有人敢于坚持自己的个性。于是，大多数人都成了碌碌无为的普通人，而那些卓尔不群、不为大多数人的意见所左右的人则成为少数的成功者。

有独立意志的人会利用人人具备的常识和事实进行探究，做出合理的假设，然后得出自己的答案，并且敢于坚持。他们自己进行思考和创造，自己制订计划并付诸实施，最终获得了成功的青睐。

如果一个人不相信自己所做的事是正确的，屈服于来自外界的意见与批评，那么，他就会错过很多成功的机会。别人的意见未必就是正确的，一个坚持自己意见的人，才能赢得成功的青睐。

永远不要消极地认为自己什么事情也做不好。首先你要认为你能，你可以，你是正确的，再去尝试、再尝试，最后你就会发现你确实是对的，并且可以做得很好。

人最可贵的品质就是在经历艰难困苦的时候坚持自我，在恶劣环境和周围的人对你说"不"的时候，坚守内心真正的想法，并持之以恒。每一次转折，都是一次机会，只要你对自己有足够的信心，你就可以在大家不看好你的情况下抓住机遇的尾巴。

在别人说"是"的时候，我们也应该对自己有清醒的认识，不能盲从，适时地说"不"。在鲜花与掌声面前，我们更要坚持自我，从容应对各种诱惑，不陶醉于令人痴迷的生活，努力追求自己所热爱的事情，并时时恪守自己的原则。那么，无论周围的环境如何变化，你始终是那个离目标最近的人。

别管理时间了，不够用的是你自己

俗话说："一分耕耘，一分收获。"也就是说耕耘与收获是成正比的。要想比别人取得更多的成就，唯一的方法就是比别人多做一点。多做一点只会"增肥"，不会"掉肉"。

萨姆是一家连锁超市的打包员，日复一日地重复着几乎不用动脑甚至不需要什么技巧的简单工作。但是，有一天，他听了一个主题为"建立岗位意识和重建敬业精神"的演讲，便想如何通过自身的努力使自己单调的工作变得丰富起来。他让父亲教他如何使用计算机，并设计了一个程序，然后，每天晚上回家后，他就开始寻找"每日一得"，输入计算机，再打印出许多份，在每一份的背面都签上自己的名字。第二天，他给顾客打包时，就把这些写着温馨有趣或发人深省的"每日一得"纸条放入买主的购物袋中。

结果，奇迹发生了。一天，连锁店经理到店里，发现在萨姆的结账台前排队的人比其他结账台多出3倍！经理大声嚷道："多排几队！不要都挤在一个地方！"可是没有人听，顾客们说："我们都排萨姆的队——我们想要他的'每日一得'。"一个妇女走到经理面前说："我过去一个礼拜来一次商店。可现在我路过就会进来，因为我想要那个'每日一得'。"

古人云，将欲取之，必先与之。我们做任何事情，要想有所成就，都必须付出代价，没有付出是不可能有收获的。你所付出的额外劳动或者服务都不会是徒劳的，总有一天，它将带给你更多的回报。

无论我们在什么行业，无论我们的职位高低，多付出一些会使我们成为公司中不可或缺的角色，这是因为我们能够提供他人没有提供的服务。也许有人比我们更有知识、技术更高明、声望更高，但他们却不能和我们一样为公司提供多出一点点的服务。

比别人多做一点，就要求我们看得比别人更远一点，动力比别人更足一点，行动比别人快捷一点，做得比别人更多一点，坚持的时间比别人更久一点，做事比别人更自觉一点，态度比别人更认真一点，方法比别人更灵活一点……

有一个人讲述了自己成功的经历：

"50年前，我开始踏入社会谋生，在一家五金店找到了一份工作，每年才挣75美元。有一天，一位顾客买了一大批货物，有铲子、钳子、马鞍、盘子、水桶、箩筐等。这位顾客过几天就要结婚了，提前购买一些生活和劳动用具是当地的一种习俗。货物堆放在独轮车上，装了满满一车，骡子拉起来也有些吃力。送货并非我的职责，而完全是出于自愿——我为自己能运送如此沉重的货物而感到自豪。一开始一切都很顺利，但是，车轮一不小心陷进了一个不深不浅的泥潭里，我使出吃奶的劲儿都推不动。一位心地善良的商人驾着马车路过，用他的马拖起我的独轮车和货物，并且帮我将货物送到顾客家里。在向顾客交付货物时，我仔细清点货物的数目，一直到很晚才推着空车艰难地返回商店。我为自己的所作所为感到高兴，但是老板并没有因我的额外工作而称赞我。第二天，那位帮我的商人将我叫去，告诉我说，他发现我工作十分努力，热情很高，尤其注意到我卸货时清点物品数目的细心和专注。因此，他愿意为我提供一个年薪 500 美元的职位。我接受了这份工作，并且从此走上了致富之路。"

事情往往就是这样的，你愿意多付出一点点，机遇便会回报你更多。从故事中我们可以看出，这个人的成功只因为一点——比别人多付出一点点。"多付出一点点"，不是语言上的自我表白，而是行动上的真正体现。"多付出一点点"的目的，并不是为了即时得到相应的回报。也许你的投入无法立刻得到相应的回报，但不要气馁，应该一如既往地多付出一点，回报可能会在不经意间以出人意料的方式出现。如果你能在不渴求回报的情况下，以一种积极自觉的态度比别人"多付出一点点"，把工作做到最好，那么，你就会得到一盏照亮你前程的机遇之灯，而不仅仅是一点回报。

谚语有云，"寒鸡不待东方曙，唤起征人踏月行"。我们只有冲出工作的"围墙"，树立多付出一点点的信念，才能使我们在任何地方、任何时候都立于不败之地。

思想上积极，行动上主动

不断地努力，才能不断地靠近成功。不要一味地空谈，尽快付出行动，才能尽早地收获成功。在我们的生活中，每天都有成千上万的人不采取行动，他们一味地将自己的新构想拖延着，不付诸实践，最终将这些好想法取消或者埋葬，尽管这样，这些构想还会来折磨他们。可能我们身边很少有人愿意窝囊地活着，大多数人都想让自己成功，有出息。但是，大多数人只是有这样或那样的想法，并没有将想法付诸行动。所以，这导致真正成功的人很少。因为，他们拖延着，幻想着，人生就这样在这幻想与拖延中度过。

成功的快乐可能不是行动所摘下来的果子，但是，如果没有行动，所有的果子都会在树上烂掉。所以，你要时时记住，要想成功，只有行动起来。只有不断地努力，才是你行动力的表现。不要担心方法的笨拙和时间的快慢。正所谓，只要功夫深，铁杵磨成针。当失败者仍在沉默的时候，你就说话；当失败者休息的时候，你就工作；当失败者说太晚的时候，你已经做好了。要想使你宏伟的计划不是永远停留在纸上的蓝图，你只能用实际行动把它变为现实。

哲学家和他的学生讨论，看谁有诀窍不用钓具也能将水池中的鱼捉起来。

学生想只要朝水池里面丢石头，将鱼惊得蹦到岩上就有办法捉住它。于是他马上从地上捡起许多石头，猛烈地朝水池中的鱼投去，可惜没有一个石头击中鱼。他累得直喘气，只好无奈地放弃了。这时，哲学家不慌不忙地掏出一把小汤匙，把鱼池中的水一匙一匙地舀到沟里。学生一脸骇然："这要等到什么时候啊？""这方法虽然慢了一点，但只要我不断地努力，最后的胜利必然是属于我的。"哲学家一脸的胜券在握。

哲学家的行为告诫我们，成功没有捷径可走，只有不畏劳苦沿着陡峭山路攀登的人，才能达到顶峰。成功凝聚着一个人的行动力。要想成功，就要不断地努力，经过长时间完成其发展的艰辛过程，并一心一意地朝着这个目标奋斗，方可望有所成就。

伟大的篮球运动员迈克尔·乔丹在率领公牛队获得两次三连冠后，毅然决定退出篮坛，因为他已经得到世界上篮球运动史中最多的个人光荣纪录与团队纪录，他是 20 世纪伟大的体坛运动员。在退休后，记者采访时问他成功的原因，他说："我成功了！因为我比任何人都努力。"

乔丹不只比任何人都努力，在他处于巅峰的时候，他还比自己更努力，不断要突破自己的极限与纪录。在公牛队练球的时候，他的练习时间比任何人都长，据说他除了睡觉时间之外，一天只休息两个小时，剩下的时间全部练球。

时常看到有的篮球运动员在罚球的时候投不进球，于是，对手就不断运用策略在他身上犯规。但如果他有一天也像乔丹一样只休息两个小时，其余时间全部站在罚线练球增加自己的准确度，这样持续一年下来，他罚球的能力定会提高。

是的，"努力"这两个字听起来好像令你很不愿意去做，但是你不能回避这两个字，因为成功的确需要努力。

要把握住自己内在的动力，超越自我，才能不断地鞭策自己前进，而不因一时的懈怠或暂时的成功而失去继续努力的动力。一个人的成功与他的行动力有莫大的关系。有些人有一个天才的想法，却没有天才的行动，结果这个想法便失去了价值；有些人有一个开始未必完美的想法，却有天才的行动，结果这个想法却修成正果，大放异彩。你采取的行动力与你的成功成正比。

不断地努力会带来意想不到的收获。很多人决心改变人际关系，他们很多次想增加拜访客户量，多少人抱怨自己工资收入少，却不努力工作，很多次想提升收入，很多次想改善生活质量，很多次想学英语，很多次想减轻体重，很多次想改变自己，但是做到了没有？成功了没有？如果，一个人坚定不移地将经历投入一件事，成功的概率一定很大。能做到的没有做到，能做成功的没有做成功，一定因为行动力不够。

正因为喜欢拖延，正因为中途放弃，很多人终生没有大的成就。如果你想获得心中所要的结果，你就要有一个好的想法，你要有一个强大的行动力，关键是坚持不懈的努力。从现在起，比别人多努力一点，你将会得到更多的回报。

第三章

你如何过一天，便如何过一生

你现在的生活方式，决定了未来的打开方式

有的人想做大事，却漫无目标，得过且过。这样的人肯定会有很多局限性而无法超越自我，难有大的突破和进展。实际上，凡是有"得过且过"心态的人，无不是给自己立了一堵墙，并陶然忘我地在围墙之内沉醉。殊不知，这俨然是在耗费生命。

在古希腊，有两个同村的人，为了比高低，打赌看谁走得离家最远。于是，他们同时却不同道地骑着马出发了。

一个人走了13天之后，心想："我还是停下来吧，因为我已经走了很远了。他肯定没有我走得远。"于是，他停了下来，休息了几天，掉转马头返回家乡，重新开始他的农耕生活。

而另外一个人走了7年，却没回来，人们都以为这个傻瓜为了一场没有必要的打赌而丢了性命。

有一天，一支浩浩荡荡的队伍向村里开来，村里的人不知发生了什么大事。当队伍临近时，村里有人惊喜地叫道："那不是克尔威逊吗？"消失了7年的克尔威逊已经成了军中统帅。

他下马后，向村里人致意，然后说："鲁尔呢？我要谢谢他，因为那个打赌让我有了今天。"鲁尔羞愧地说："祝贺你，好伙伴。我至今还是农夫！"

暂时满足的心态只能使你次人一等。生活中有多少人都是这样成为次人一等者的啊！

一个有生气、有计划、克服消极心态的人，一定会不辞任何劳苦，坚持不懈地向前迈进，他们从来不会想到"将就过"这样的话。有些人常常对他人说："得过且过，过一把瘾吧！""只要不饿肚子就行了！""只要不被撤职就够了！"这种人无异于承认自己没有生机，至于"克服消极

心态"那更是想也不必想了。

打起精神来！它虽然未必能够使你立刻有所收获，或得到物质上的安慰，但它能够充实你的生活，使你获得无限的乐趣，这是千真万确的。

无论你做什么事，打不起精神来就不能克服消极心态。你必须全神贯注，竭尽所能去做它，务必使你每天都有显著的克服消极心态的进步，因为我们每天从事的工作都可以训练和发展我们克服消极心态的能力。一个人如能打定如此坚决的主意，那他的收获一定不会仅够"填饱肚子"的。

那些克服消极心态而成就的大事，绝非仅欲"填饱肚子"以及做事"得过且过"的人所能完成的，只有那些意志坚决、不辞辛苦、十分热心的人才能完成这些事业。

在美国西部，有个天然的大洞穴，它的美丽和壮观出乎人们的想象。但是这个大洞穴一直没有被人发现，没有人知道它的存在，因此它的美丽也等于不存在。有一天，一个牧童偶然发现洞穴的入口，从此，新墨西哥州的绿巴洞穴成为世界闻名的胜地。

科学研究表明，我们每个人都有 140 亿个脑细胞，而一个人只利用了肉体和心智能源的极小部分。若与人的潜力相比，我们只处于半醒状态，还有许多未发现的"绿巴洞穴"。正如美国诗人惠特曼诗中所说：

我，我要比我想象的更大、更美

在我的，在我的体内

我竟不知道包含这么多美丽

这么多动人之处……

人是万物的灵长，是宇宙的精华，我们每个人都具有光扬生命的本能。为"生命本能"效力的就是人体内的创造机能，它能创造人间的奇迹，也能创造一个最好的你。

我们每个人心里都有一幅"心理蓝图"或一幅自画像，有人称它为"自我心像"。自我心像有如电脑程序，直接影响它的运作结果。如果你的心像想的是做最好的你，那么你就会在你内心的"荧光屏"上看到一个踌躇满志、不断进取的自我。同时，还会经常听到"我做得很好，我以后还会做得更好"之类的信息，这样你注定会成为一个最好的你。美国哲学家爱默生说："人的一生正如他一天中所设想的那样，你怎样想象，怎样期待，就有怎样的人生。"美国赫赫有名的钢铁大王安德鲁·卡内基就是一个能充分发挥自己创造机能的楷模。他12岁时由苏格兰移居美国，最初在一家纺织厂当工人，当时，他的目标是决心"做全工厂最出色的工人"。因为他经常这样想，也是这样做的，最后果真成为全工厂最优秀的工人。后来命运又安排他当邮递员，他想的是怎样"做全美最杰出的邮递员"。结果他的这一目标也实现了。他的一生总是根据自己所处的环境和地位塑造最佳的自己，他的座右铭就是："做一个最好的自己。"

每次受伤，都是一次成长

大多数时候，我们都很害怕遗憾，特别是刻骨铭心的遗憾，总是极力地去避免。我们都知道一步错、步步错的道理，却忘记了有些弯路是必不可少的。

人生一世，花开一季，谁都想让此生了无遗憾，谁都想让自己所做的每一件事都永远正确，从而达到自己的预期。可这只能是一种美好的幻想。人不可能不做错事，不可能不走弯路。做了错事，走了弯路之后，谴责自己是很正常的，这是一种自我反省，是改正的前奏曲，正因为有了这种积极的谴责，我们才会在以后的人生之路上走得更好、更稳。但是，如果你因此一蹶不振，自暴自弃，那么这种做法就是愚人之举了。

过去的已经过去，不要为打翻的牛奶而哭泣！

在人生的路上，有一条路每个人非走不可，那就是年轻时候的弯路。不摔跟头，不碰壁，不碰个头破血流，怎能炼出钢筋铁骨，怎能长大呢?

我们总是喜欢看别人的经验,看别人如何才能不走弯路。这是一个好习惯,同时也是迷茫的根源。为了不走弯路,我们阅览群书,结果却陷入了似乎什么都懂又似乎什么都不懂的迷茫境地。缺少了实践的基础,一切都好像是活在云里雾里、虚无缥缈中。看书的时候以为自己无所不能,可到了现实生活中却又不知道该先迈哪只脚了。

经验可以给我们很大的帮助,但事物是不断变化的。这就要求我们具体问题具体分析,大胆突破不用大脑、东施效颦式的经验模仿,而选择在模仿经验的时候发挥自己的创造力。一个人如果没有创新精神,事事模仿别人,就无法充分发挥自己的创造力,更不能发展自己身上独特的潜质。

小马要过河,妈妈不在身边,它问在河边吃草的老牛:"牛伯伯,请您告诉我,这条河,我能过去吗?"老牛说:"水很浅,刚没小腿,能过去。"小马听了老牛的话,立刻跑到河边,准备过去。突然从树上跳下一只松鼠,拦住它大叫:"小马!别过河,别过河,河水会淹死你的!"小马吃惊地问:"水很深吗?"松鼠认真地说:"当然啦!昨天,我的一个伙伴就掉在这条河里淹死的!"小马连忙收住脚步,不知道怎么办好。它只好回去问妈妈。妈妈说:"那条河不是很浅吗?"小马说:"是呀!牛伯伯也这么说。可是松鼠说河水很深,还淹死过它的伙伴呢。"妈妈说:"那么到底是深还是浅?你仔细想过它们的话吗?"小马低下了头,说:"没……没想过。"妈妈亲切地对小马说:"孩子,光听别人说,自己不动脑筋,不去试试,是不行的,你去试一试,就会明白了。"

小马跑到河边,试着往前趟……原来河水既不像老牛说的那样浅,也不像松鼠说的那样深。它顺利地过了河,把麦子送到了磨坊。

同一条河流,老牛觉得它是没过膝盖的小溪,松鼠觉得它是深不可测的天险,而小马却觉得它不深不浅刚刚好。很多东西,别人说的也许是真理,但是不一定适合自己,非要自己试着尝试过了,才会知道水深水浅。很多的东西，非要亲自体验了，摔跟头了，才会刻骨铭心地记得，才会变得更聪明。在父母怀里长大的孩子，一般都会有些幼稚和晚熟。而那些离开父母保护的孩子，则会在孤独和不断的摔跤中迅速长大，并在各项素质上远远地超越同龄人。

成长，其实就是一个走弯路的过程。非要经历阵痛，才能慢慢长大。正如陆游所说，"纸上得来终觉浅，须知此事要躬行"。一个孩子，父母再怎么给他比试如何走路，可是如果他不亲自学着下地走路，不经过摔跤，又怎么能学会走路呢？别人的经验不经过实践始终都是大脑里虚无缥缈的概念，没有脚踏实地亲自验证的经验等于没有经验。人生中的一些弯路是必需的，因为它会不断地使人在亲身感受中获得真实的力量和进步。

时光，会把最好的留给最愿意努力的人

有一位年轻人，在一家石油公司里谋到一份工作，任务是检查石油罐盖焊接好没有。这是公司里最简单枯燥的工作，凡是有出息的人都不愿意干这件事。这位年轻人也觉得天天看一个个铁盖太没有意思了。他找到主管，要求调换工作。可是主管说："不行，别的工作你干不好。"年轻人只好回到焊接机旁，继续检查那些油罐盖上的焊接圈。既然好工作轮不到自己，那就先把这份枯燥无味的工作做好吧！

从此，年轻人静下心来，仔细观察焊接的全过程。他发现，焊接好一个石油罐盖，共用39滴焊接剂。为什么一定要用39滴呢？少用一滴行不行？在这位年轻人以前，已经有许多人干过这份工作，从来没有人想过这个问题。这个年轻人不但想了，而且认真测算试验。结果发现，焊接好一个石油罐盖，只需38滴焊接剂就足够了。年轻人在最没有机会施展才华的工作上，找到了用武之地。他非常兴奋，立刻为节省一滴焊接剂而努力工作。原有的自动焊接机，是为每罐消耗39滴焊接剂专门设

计的，用旧的焊接机，无法实现每罐减少一滴焊接剂的目标。年轻人决定研制新的焊接机。经过无数次尝试，他终于研制成功了"38滴型"焊接机。使用这种新型焊接机，每焊接一个罐盖可节省一滴焊接剂。积少成多，一年下来，这位年轻人竟为公司节省5万美元。一个每年能创造5万美元价值的人，谁还敢小瞧他呢？由此年轻人迈开了成功的第一步。

做任何事情，都要重视一点一滴的积累，从量变达到质变。走好每一小步路，你才会走向成功。连小事都做不好的人是做不成大事的。

正如海尔总裁张瑞敏所说的："把一件平凡的事做好就是不平凡；把简单的事做好就是不简单。"能做好细节的人也许未必一定能做好大事，但可以肯定的是做不好小事的人，大事就不可能做好。

美国著名的建筑大师莱特，在他毕生许多作品中，最杰出而脍炙人口的也许要算坐落于日本东京的抗震帝国饭店。这座建筑物使他名列当代世界一流建筑师之林。1916年，日本小仓公爵率领了一批随员代表日本政府前往美国，聘请莱特建一座不畏地震的建筑。莱特随团赴日，实地考察了一番，发现日本的地震是继剧震而来的波状运动，于是断定许多建筑物之倒塌实际上是因为地基过深，地基过厚。过深、过厚的地基会随着地壳移动，而使建筑物坍塌下来。

他决定将地基筑得很浅，使之浮在泥海上面，从而使地震无从肆虐。莱特决定尽量利用那层深仅八尺的土壤。他所设计的地基系由许多水泥柱组成，柱子穿透土壤栖息在泥海上面，可是这种地基究竟能不能支持偌大一座建筑物呢？莱特费了一整年工夫在地面遍击洞孔从事实验。他将长八尺、直径八寸的竹竿插进土里，随即很快抽出来以防地下水冒出，然后注入水泥，他在这种水泥柱上压以铸铁，测验它能负担的重量。结果成绩颇为惊人。根据帝国饭店的预计总重量，他算出了地基所需的水泥柱数，在各种数据准确的情况下，大厦动工了。筑墙所用的砖也经过他特别设计，厚度较常加倍。1920年帝国饭店正式完工，莱特返美。

三年之后，一次举世震骇的大地震突袭东京与横滨。当时莱特正在洛杉矶创建一批水泥住宅，闻讯坐卧不宁，等待着关于帝国饭店的消息。一连数日毫无消息，到了某天凌晨三时，莱特的旅店寓所里电话铃声狂鸣。"喂！你是莱特吗？"听筒内传来一阵令人沮丧的声音，"我是洛杉矶《检验报》的记者。我们接到消息说帝国饭店已被地震毁了。"数秒钟后他坚定地回答道："你若把这条消息发出去，包你会声明更正。"十天之后，小仓公爵拍来了一通电报："帝国饭店安然无恙，从此成为阁下的天才纪念品。"帝国饭店在整个灾区中是唯一未受损害的房屋而成了千万灾民的归宿。小仓公爵的贺电顷刻间传遍全球，莱特成了妇孺皆知的名人。

生活中我们经常会发现，那些功成名就的人，在功成名就之前，早已默默无闻地努力工作过很长一段时间。成功是一种努力积累的结果，更是苛求工作细节的最佳诠释。在实际工作中，唯有苛求细节的尽善尽美，才是走向成功的最佳途径。如果凡事你都没有苛求完美的积极心态，那么你永远无法达到成功的顶峰。

你若满足于当下，必将失掉未来

人的一生要度过许多的"今天"，可以说，这样的每一天都是组成人生的基本构件。然而看似简单的人生却常常会在迷惑中度过。尤其是对那些认真工作的人来说，这样的迷惑或许就更深些。他们会思考自己究竟为了什么去从事这项职业，不断思索劳动的目的，思考工作的意义。也许越是苦苦思索，越是不得其解。

就连日本"经营四圣"之一的稻盛和夫也曾深陷在这个谜题之中。

在稻盛参加工作的第一家公司，他反复进行着有成功也有失败的实验。当时在无机化学研究的同龄人中，有人赴美留学，拿着丰厚的奖学金；有人在知名的大企业，用最先进的设备进行最尖端的实验；而稻盛却在这么一个濒临倒闭的企业里，日复一日地用简陋的设备做着混合原料粉末的工作。

他不时会冒出这样的想法：一直做如此单调的工作，又能搞出什么科研成果来呢？或者更心灰意冷：自己的人生将来又会是怎样一番情形呢？

每当他想到这些，就不禁觉得前途无望。

也许一般人解决问题的方法是和自己说：要有远见，向未来看吧。也就是说，不要将自己的目光停留在眼下，而要从长远的角度展开自己的人生蓝图，而眼前的工作只是这长期规划中的一个环节。

然而稻盛采用了一种与之相反的看法。他从短期的观点来看，不再痴迷于不着边际的远景，而只是关注眼下的事情，于是摆正自己对工作的态度。

他给自己定下规矩：今日事今日毕，今天的目标今天一定要完成。工作的成果和进展以一天为单位，然后切实完成。

在每一个"今天"中，前进是最低限度，无论这一步是大是小，总要向前推进。

同时，要反思今天的工作，以便为明天总结出一点经验或教训。为了达到目标，不管天气多么恶劣，不管境遇多么艰难，稻盛都全神贯注，全力以赴。一天，一个月，一年过去了；五年，十年，他始终锲而不舍。直到今天，他达到了当初根本无法想象的境地。

就这样，奔着"今天"的目标去，让每一个"今天"都没有虚度，每天获得积累。今天比昨天好，明天又比今天好。将今天一天作为"生活的单位"，天天精神百倍，日复一日，拼命工作，以这种踏实的步伐，就能走上人生的王道。

所谓未来是每一个"今天"的累积。因此稻盛和夫主张人们在建立未来的目标时，要设定高于自己能力的目标，然后不遗余力地去实现这个目标。要下定决心去完成今天自己"不能胜任"的目标。

想办法提高自己的能力，哪怕每天只有一点点进步，以便在"未来这个时点"实现既定的目标。如果只用自己现今的能力来判断决定能不能做，那么，就没有挑战新事业，或者实现更高的目标的可能性。人的能力像黄金一样，有着良好的延展性。基于对这一点的坚信，面向未来，去描绘自己理想的人生。

不积跬步，无以至千里。不要小看每一天的成长，相信只要坚持努力，就能享受比昨天更好的今天，努力打造比今天还好的明天。

不要闲，不要嫌

自己失去了进取心，就算机会来到你身边，你也抓不住它。进取心是前进的动力，进取心是扬帆远航的风向标。没有了进取心是一件可怕的事，那就意味着一个人终将碌碌无为地过完他的一生，甚至连自己的心也变得麻木，只是在这个世上混饭吃。

拿破仑·希尔说："成也积极，败也积极，进也积极，退也积极，永远积极。"只有拥有积极进取的心，你才有可能抓住稍纵即逝的机会，如果你一味消极避世，怨天尤人，那么就算机会在你的手边，你也抓不住它，又怎么去改变不顺的现状。

有一天，约翰去拜访毕业多年未见的老师。老师见了约翰很高兴，就询问他的近况。

这一问，引发了约翰一肚子的委屈。约翰说："我对现在做的工作一点都不喜欢，它与我学的专业也不相符，整天无所事事，工资也很低，只能维持基本的生活。"

老师吃惊地问："你的工资如此低，怎么还无所事事呢？"

"我没有什么事情可做，又找不到更好的发展机会。"约翰无可奈何地说。

"其实并没有人束缚你，你不过是被自己的思想钳制住了，明明知道自己不适合现在的工作，为什么不去再多学习其他的知识，找机会自己跳出去呢？"老师劝告约翰。

约翰沉默了一会儿说："我运气不好，什么样的好运都不会降临到我头上的。"

"你天天在梦想好运，而你却不知道机遇都被那些勤奋和跑在最前面的人抢走了，你永远躲在阴影里走不出来，哪里还会有什么好运。"老师郑重其事地说，"一个没有进取心的人，永远不会得到成功的机会。"

约翰的平淡无奇，就在于他把积极的心放在了别处。如果他能把积极进取常放心头，他的人生怎么会如此平庸？

一块有磁性的金属，可以吸起比它重一倍的重物，但是如果你除去这块金属的磁性，它甚至连轻如羽毛的东西都吸不起来。同样地，人也有两类：一类是有磁性的人，他们充满了信心和信仰。他们知道自己天生就是个胜利者、成功者；另外一类人，是没有磁性的人，他们充满了畏惧和怀疑。机会来时，他们却说："我可能会失败，我可能会失去我的钱，人们会耻笑我。"这一类人在生活中不可能会有成就，因为他们害怕前进，他们就只能停留在原地。

生活中，拥有一颗积极进取的心，比什么都重要。

黛安妮是美国一家大时装企业的创始人。她23岁的时候，从父亲那儿借了3万美元，自己开了一家服装设计公司。后来她将自己的公司发展成了一个庞大的时装企业，现在年销售额达200万美元。接着，她又办起一家经营化妆品的公司，还同其他公司合作用她的名字做商标生产皮鞋、手提包、围巾和其他产品。她只用了5年时间就完成了这一切。

这位时装企业的女强人对成功又是怎样解释的呢？她说："如果把生活比作旅程，成功便是在沙漠中看到一片绿洲，你在这里稍事休息，举目四望，欣赏一下这里的景致，呼吸几口清新的空气，再睡上一个好觉，然后继续前进。我认为成功就是生活，就是能够享受生活的一切——既有欢乐和胜利，也有痛苦和失败。"

黛安妮认为，有一种不断前进的欲望在推动着她。"当我朝着一个目标努力时，这个目标又将我带到一个新的高度，使我踏上了一条通往新生活的道路。我并不是总知道自己在走向何处。前进中会发生各种事情，会出现不同的情况，甚至遇到灾难，而道路也越走越广。我有一个不变的信念，就是：'在自己的人生经历中，不放过任何一个成功的机遇。'"

黛安妮事业上的成功取决于她积极进取的精神。满足现状意味着退步，一个人如果从来不为更高的目标做准备的话，那么他永远都不会超越自己，永远只能停留在自己原来的水平上，甚至会倒退。

没有一个人有骄傲的资本，因为任何一个人，即使在某一方面的造诣很深，也不能够说他已经彻底精通、彻底研究全了。"生命有限，知识无穷"，任何一门学问都是无穷无尽的海洋，都是无边无际的天空……所以，谁也不能认为自己已经达到了最高境界，可以停步不前、趾高气扬了。如果是那样的话，则必将很快被同行赶上，被后人超过。所以，我们要一直保持积极进取的精神，去追寻自己的理想。

勤奋，总是能让资质平平变成与众不同

一位哲人曾经说过："世界上能登上金字塔顶的生物只有两种：一种是鹰，一种是蜗牛。不管是天资奇佳的鹰，还是资质平庸的蜗牛，能登上塔尖，极目四望，俯视万里，都离不开两个字——勤奋。"

勤奋，是成功的助推器，是保持优秀的方法。勤奋就是同样的工作你比别人更努力以求尽善尽美地完成。如果你智力平庸，能力一般，那你通往成功的唯一捷径就是勤奋。

如果你有着很高的才华，那么勤奋会让你的才华绽放更多的光彩。你只要比别人更加勤奋，那么成功在你的手中就会变得更加简单。

一个人的发展与成长，天赋、环境、机遇、学识等外部因素固然重

要，但重要的是自身的勤奋与努力。没有自身的勤奋，就算是天资奇佳的雄鹰也只能空振双翅；有了勤奋的精神，就算是行动迟缓的蜗牛也能雄踞塔顶，观千山暮雪，渺万里层云。成功不单依靠能力和智慧，更要靠每一个人自身孜孜不倦的勤奋工作。

有一个偏远山区的小姑娘到城市打工，由于没有什么特殊技能，于是选择了餐馆服务员这个职业。在常人看来，这是一个不需要什么技能的职业，只要招待好客人就可以了。许多人已经从事这个职业多年了，但很少有人会认真投入这个工作，因为这看起来实在没有什么需要投入的。

这个小姑娘恰恰相反，她一开始就表现出了极大的热情，并且彻底将自己投入工作之中。她不辞劳苦，每天忙到很晚，而且无论老板在与不在，她始终如一地忙碌着。一段时间以后，她不但能熟悉常来的客人，而且掌握了他们的口味，只要客人光顾，她总是千方百计地使他们高兴而来，满意而去。她不但赢得了顾客的交口称赞，也为饭店增加了收益——她总是能够使顾客多点一两道菜，并且在别的服务员只照顾一桌客人的时候，她却能够独自招待几桌的客人。

就在老板逐渐认识到其才能，准备提拔她做店内主管的时候，她却婉言谢绝了这个任命。原来，一位投资餐饮业的顾客看中了她的才干，准备与她合作，资金完全由对方投入，她负责管理和员工培训，并且郑重承诺：她将获得新店 25% 的股份。

现在，她已经成为一家大型餐饮企业的老板。

勤奋，终于让山村姑娘成为城市里的老板，所以身为员工任何时候都应记住，老板不在绝不能成为你偷懒或放松自己的理由。恰恰相反，你应该将之视为一个机会、一次考验，在严格自律的同时，锻炼自我鞭策的能力，让自己有一个积极的进步。

"懒惰"是个很有诱惑力的怪物，人的一生谁都会与这个怪物相遇。经常有人爱睡懒觉，也有的人起床后什么事也不想干，做起事来能拖就拖，自己能做的也懒得做，遇到不懂的问题，也懒得动脑子思考。"懒惰"是人类最难克服的一个敌人，许多本来可以做到的事，都因为一次又一次的懒惰拖延而错过了成功的机会。

成才的两种途径：一是专门的学习，这要花费自己很多的金钱和时间；二是公司为你提供的学习机会，包括在职培训，这是不用付费的"搭便车"，是最好的机会。而究竟谁能够得到这种"搭便车"的机遇，关键在于谁更用心、谁更勤奋。

俗话说："师傅领进门，修行在个人。"无论是公司的培训还是员工自己有意识地汲取知识，都要通过严格的自律和勤奋的努力来实现，与老板无关。古语说："士别三日，当刮目相看。"一个有前途的员工不会趁老板不在的时候松懈，相反他们还会把老板不在当作提高自我的有利契机。

勤奋，不仅仅是美德，更是一种成功的资本，幸福的源泉。无论你现在是雄鹰还是蜗牛，要想登上塔顶，成就辉煌，都要记住一句话：无论何时，勤奋不减！本着这样的态度，你就可以把工作当成终身的职业，用心去经营，努力去改进，而这种种勤奋所带来的结果就是你事业的卓越，你人生的飞扬。

天才等于百分之二的灵感加上百分之九十八的汗水。天才往往产生于超乎常人的精力与工作能力的人群里。天才就是勤奋，不勤奋，无所得。人的天赋就像火花，它可以熄灭，也可以燃烧起来，而逼它燃烧成熊熊大火的方法只有一个，就是勤奋，再勤奋。亚历山大·汉密尔顿曾经说过："有时候人们觉得成功是因为天赋，但其实，真正创造成功的不是天赋而是勤奋。"

生活需要的不是无聊，而是热爱

达·芬奇生活在巨人的时代，他也是时代的骄子。他是才华横溢的天才，有着绘画神童的美誉。他是人类智慧的化身，又是大自然之子。

《蒙娜丽莎》的微笑，让他的英名不朽史册。《最后的晚餐》的烛光，依旧照耀着他的辉煌成就。

爱迪生说："天才是百分之九十九的汗水加百分之一的灵感。"一句话道出了天才之所以为天才的真谛。也许正在学习画画的你，看到《蒙娜丽莎》会惊艳它的美丽，赞叹达·芬奇的巧夺天工，可是，如果没有刻苦的练习，又怎么会有他日后的成就呢？无论一个人的资质是多么优秀，要想获得成功，他都必须付出努力。先天的聪慧秉性并不是我们获得成功的必然保证。

孩提时代的达·芬奇聪明伶俐，勤奋好学，兴趣广泛。达·芬奇从小就表现出了绘画天赋，他画的小动物惟妙惟肖。5岁的时候，他就能凭记忆在沙滩上画出母亲的肖像。

达·芬奇的父亲皮埃罗确信儿子有绘画天赋，便将达·芬奇送往佛罗伦萨，师从著名的艺术家佛罗基奥，开始系统地学习绘画。在达·芬奇刚刚来到画坊的时候，老师佛罗基奥只拿来一个鸡蛋让他画，达·芬奇很快就画了几张，可是老师让他继续画简单的鸡蛋，一连好多天都是如此。面对如此枯燥乏味的工作，达·芬奇终于不耐烦了，认为老师小瞧了他，让他画这么简单的东西，于是就问老师："您天天让我画鸡蛋，这不是太简单了吗？"老师严肃地说："你以为画鸡蛋很容易，这就错了。要知道，在一千个鸡蛋中，没有形状完全相同的，每个鸡蛋从不同的角度去看，形状也不一样。我让你画鸡蛋，就是要训练你的眼力和耐心，使你能看得准确，画得熟练。"达·芬奇听从了老师的话，开始用心画鸡蛋。他发现，即使是同一个蛋，由于观察角度不同、光线不同，它的形状也不一样。达·芬奇恍然大悟，原来老师是为了培养他观察事物和把握形象的能力。

从此以后，达·芬奇在画室里静心地研究鸡蛋的明暗变化关系，他画了一张又一张的鸡蛋素描，练就了绘画的基本功，并发现了明暗渐进画法。他废寝忘食地训练，夜以继日地工作，学习各类艺术与科学知识，为他以后在绘画和其他方面取得卓越的成就，打下了坚实的基础。

天道酬勤是亘古不变的真理，这从达·芬奇身上就可以得到很好的体现。也许自幼聪明的你以为自己不用认真学习也会取得好成绩，赢得同学们的尊重，可作为一个智商220的奇才，达·芬奇依然如此刻苦努力，平凡的你有什么理由不努力呢？其实先天的资质再好，也需要后天的刻苦努力，不要让聪明的你成为下一个"方仲永"！

达·芬奇在他的老师佛罗基奥的工作室里度过了6个年头，成长为具有现代科学思想和勇于探索的人类智慧的典范。达·芬奇在20岁时就已有很高的艺术造诣，他用画笔和雕刻刀去表现大自然和现实生活的真、善、美，热情歌颂人生的幸福和大自然的美妙。

达·芬奇是人类智慧的象征，他怀有无限理想与激情，试图重新创造世界的美，解释世界的奥秘。直至今天，达·芬奇长达5000多页的科学手稿仍在影响着科学研究，他就是一位现代世界的预言家，而他的那些手稿也被称为一部15世纪科学技术的百科全书。

达·芬奇用他勤奋的一生书写了一个伟人的传奇，在给世人留下无数杰作的同时，也给我们树立了一个光辉的榜样。

勤奋是孕育天才的摇篮，任何一个科学家、歌唱家等，一切取得光辉成就的人，他们必定经历了辛苦的劳作，播撒智慧的种子。因此，生活也偏爱这些勤奋的人，赐予他们更多的智慧和更高尚的品德，让他们在人间遍撒爱的种子。相反，懒惰也可以摧毁原本聪明、智慧的人，懒惰停留在他们的身旁，锈蚀了他们的大脑，麻木了他们的灵魂，让他们终身一事无成。所以，既然生活向我们展开一幅美丽的画卷，何不认真在上边挥洒呢。拿起自己的笔，生活等着你去描绘。

第四章

顺风可以奔跑，逆风却能飞翔

苦难不会长久，强者却可长存

苦难对于弱者是一个深渊，而对于天才来说则是一块垫脚石。生命不会是一帆风顺的，任何人都会遇到逆境。从某种意义上说，经历苦难是人生的不幸，但同时，如果你能够正视现实，从苦难中发现积极的意义，充分利用机会磨炼自己，你的人生将会得到不同寻常的升华。

美国前总统克林顿并不算是天才人物，但他能登上美国总统的宝座，与他个人的勤奋和磨炼不无关系。

克林顿的童年很不幸。他出生前4个月，父亲就死于一次车祸。他母亲因无力养家，只好把出生不久的克林顿托付给自己的父母抚养。童年的克林顿受到外公和舅舅的深刻影响。他自己说，他从外公那里学会了忍耐和平等待人，从舅舅那里学到了说到做到的男子汉气概。

他7岁随母亲和继父迁往温泉城，不幸的是，双亲之间常因意见不合而发生激烈冲突。继父嗜酒成性，酒后经常虐待克林顿的母亲，克林顿也经常遭其斥骂。这给从小就寄养在亲戚家的克林顿的心灵蒙上了一层阴影。

坎坷的童年生活，使克林顿形成了尽力表现自己，争取别人喜欢的性格。

他在中学时非常活跃，一直积极参与班级和学生会的活动，并且有较强的组织和社会活动能力。他是学校合唱队的主要成员，而且被乐队指挥定为首席吹奏手。

1963年夏，他在"中学模拟政府"的竞选中被选为参议员，应邀参观了首都华盛顿，这使他有机会看到了"真正的政治"。参观白宫时，他受到了肯尼迪总统的接见，不但同总统握了手，而且还和总统合影留念。

此次华盛顿之行是克林顿人生的转折点，使他的理想由当牧师、音乐家、记者或教师转向了从政，梦想成为肯尼迪第二。

有了目标和坚强的意志，克林顿此后30年的全部努力，都紧紧围绕这个目标。上大学时，他先读外交，后读法律——这些都是政治家必须具备的知识修养。离开学校后，他一步一个脚印：律师、议员、州长，最后达到了政治家的巅峰：总统。

"自古雄才多磨难，从来纨绔少伟男"，克林顿从小在逆境中成长，却经常保持自信和乐观的态度。童年的不幸没有给克林顿造成心灵的阴影，反而激发了他战胜挫折的决心。失败和教训使他变得聪明和成熟，正是失败本身才最终造就了成功。我们要悦纳自己和他人他事，要能容忍挫折，学会自我宽慰，心怀坦荡、情绪乐观、满怀信心地去争取成功。

如果能在挫折中坚持下去，挫折实在是人生不可多得的一笔财富。有人说，不要做在树林中安睡的鸟儿，要做在雷鸣般的瀑布边也能安睡的鸟儿，就是这个道理。逆境并不可怕，只要我们学会去适应，那么挫折带来的逆境，反而会给我们以进取的精神和百折不挠的毅力。

挫折让我们更能体会到成功的喜悦，没有挫折我们不懂得珍惜，没有挫折的人生是不完美的。世事常变化，人生多艰辛。在漫长的人生之旅中，尽管人们期盼能一帆风顺，但在现实生活中，却往往令人不期然地遭遇逆境。逆境是理想的幻灭、事业的挫败，是人生的暗夜、征程的低谷。就像寒潮往往伴随着大风一样，逆境往往是通过名誉与地位的下降、金钱与物资的损失、身体与家庭的变故而表现出来的。逆境是人们的理想与现实的严重背离，是人们的过去与现在的巨大反差。每个人都会遇到逆境，以为逆境是人生不可承受的打击的人，必不能挺过这一关，可能会因此而颓废下去；而以为逆境只不过是人生的一个小坎儿的人，就会想尽一切办法去找到一条可迈过去的路。这种人，多迈过几个小坎儿的，就会不怕大坎儿，就能成大事。

世事艰辛，不如意者十有八九，不必因不平而泄气，也不必因逆境而烦恼，只要自己努力，机会总会有的。人人都希望在一个平和顺利的环境中成长，但上帝并不喜爱安逸的人们，他要挑选出最杰出的人物，于是他让这些人历经磨难，千锤百炼终于成金。

一个人若想有所成就，那么苦难就成为一道你必须跨越的关卡。就像神话所说的那样，那条鲤鱼必须跳过龙门，才能超越自我的境界，人生又何尝不是如此。超越人生的苦难，幸福就在彼岸。

哪怕脚踩泥泞，也要伸手摘星

由于经济破产和从小落下的残疾，人生对格尔来说已索然无味了。

在一个晴朗日子，格尔找到了牧师。牧师耐心听完了格尔的倾诉。"是的，不幸的经历使你心灵充满创伤，你现在生活的主要内容就是叹息，并想从叹息中寻找安慰。"他闪烁的目光始终燃烧着格尔，"有些人不善于抛开痛苦，他们让痛苦缠绕一生直至幻灭。但有些人能利用悲哀的情感获得生命悲壮的感受，从而对生活恢复信心。"

"我给你看样东西。"他向窗外指去。那边矗立着一排高大的枫树，在枫树间悬吊着一些陈旧的粗绳索。他说："60年前，这儿的庄园主种下这些树护卫牧场，他在树间牵拉了许多粗绳索。对于幼树嫩弱的生命，这太残酷了，这创伤无疑是终身的。有些树面对残酷的现实，能与命运抗争，而另一些树消极地诅咒命运，结果就完全不同了。"

他指着那棵被绳索损伤已枯萎的老树说："为什么那棵树毁掉了，而这一棵树已成绳索的主宰而不是其牺牲品呢？"

眼前这棵粗壮的枫树看不出有什么疤痕，所看到的是绳索穿过树干——几乎像钻了一个洞似的，真是一个奇迹。

"关于这些树，我想过许多。"他说，"只有体内强大的生命力才可能战胜像绳索带来的那样终身的创伤，而不是自己毁掉这宝贵的生命。"

沉思了一会儿后，他说："对于人，有很多解忧的方法。在痛苦的时候，找个朋友倾诉，找些活干。对待不幸，要有一个清醒而客观的认识，尽量抛掉那些怨恨情感负担。有一点也许是最重要的，也是最困难的：你应尽一切努力愉悦自己，真正地爱自己，并抓住机会磨炼自己。"

对于一个人来说，苦难确实是残酷的，但如果你能充分利用苦难这个机会来磨炼自己，苦难会馈赠给你很多。就像这棵树一样，尽管它曾经经历了绳索带来的痛彻心扉的创伤，但依旧凭借着自己强大的毅力存活下来，在它的躯干上看不到绳索留下的创伤，人们只见到一根绳索从它的中间穿过去，是它用自己的躯体包裹了伤口，并且成为绳索的主宰。

在遇到挫折困苦时，我们不妨像这棵树学学，聪明一些，找方法让精神伤痛远离自己的心灵，利用苦难来磨炼自己的意志。尽一切努力愉悦自己，真正地爱自己，我们的生命就会更丰盈，精神就会更饱满，我们就会拥有一个辉煌壮美的人生。

我们在埋怨自己生活多磨难的同时，不妨想想那棵老树，或许还有更多多灾多难的人，与他们相比我们的困难和挫折算什么呢？自强起来，生命就会站立不倒。

德国有一位名叫班纳德的人，在风风雨雨的 50 年间，他遭受了 200 多次磨难的洗礼，但这些洗礼使他成为世界上最坚强的人。

班纳德出生后 14 个月，摔伤了后背；之后又从楼梯上掉下来摔残了一只脚；再后来爬树时又摔伤了四肢；一次骑车时，忽然一阵大风，不知从何处而来，把他吹了个人仰车翻，膝盖又受了重伤；13 岁时掉进了下水道，差点窒息；一次，一辆汽车失控，把他的头撞了一个大洞，血如泉涌；有一辆垃圾车，倒垃圾时将他埋在了下面；还有一次他在理发店理发时，突然一辆飞驰的汽车驶了进来……

他一生倒霉无数，在最为晦气的一年中，竟遇到了 17 次意外。

但更令人惊奇的是，班纳德至今仍旧健康地活着，心中充满着自信，因为他历经了 200 多次磨难的洗礼，他还怕什么呢？

面对逆境，不同的人有着不同的观点和态度。就悲观者而言，逆境是生存的炼狱，是前途的深渊；就乐观的人而言，逆境是人生的良师，是前进的阶梯。逆境如霜雪，它既可以凋叶摧草，也可使菊香梅艳；逆境似激流，它既可以溺人殒命，也能够济舟远航。逆境具有双重性，就看人怎样正确地去认识和把握。

古往今来，凡立大志、成大功者，往往都饱经磨难，备尝艰辛。逆境成就了"天将降大任者"。如果我们不想在逆境中沉沦，那么我们便应直面逆境，奋起抗争，用苦难磨炼自己的意志，以坚韧不拔的意志奋力拼搏，来迎接明天美好的太阳。

如果你想要，那就要等得起

四时有更替，季节有轮回，严冬过后必是暖春，这符合大自然的发展规律。在我们人类眼中，事物的发展似乎也遵循着这一条规律，否极泰来、苦尽甘来、时来运转等成语无不反映了人们的一种美好愿望：逆境达到极点就会向顺境转化，坏运到了尽头好运就会来到。所以，我们坚信，没有一个冬天不可逾越，没有一个春天不会来临。这是对生活的信心，也是对生活的希望，有了信心与希望，无论事情再糟糕，我们也会有面对现实的勇气和决心。

约翰是一个汽车推销商的儿子，是一个典型的美国孩子。他活泼、健康，热衷于篮球、网球、垒球等运动，是中学里一个众所周知的优秀学生。后来约翰应征入伍，在一次军事行动中他所在部队被派遣驻守一个山头。激战中，突然一颗炸弹飞入他们的阵地，眼看即将爆炸，他果断地扑向炸弹，试图将它扔开。可是炸弹爆炸了，他重重地倒在地上，当他向后看时，发现自己的右腿右手全部炸掉了，左腿也变得血肉模糊，必须截掉。一瞬间他想哭，却哭不出来，因为弹片穿过了他的喉咙。人们都以为约翰再也不能生还，但他奇迹般地活了下来。

是什么力量使他活了下来？是格言的力量。在生命垂危的时候，他想起贤人先哲的这句格言："如果你懂得苦难磨炼出坚韧，坚韧孕育出骨气，骨气萌发不懈的希望，那么苦难会最终给你带来幸福。"约翰一次又一次默念着这段话，心中始终保持着不灭的希望。然而，对于一个三截肢（双腿、右臂）的年轻人来说，这个打击实在太大了！在深深的绝望中，他又看到了一句先哲格言："当你被命运击倒在最底层之后，再能高高跃起就是成功。"

回国后，他从事了政治活动。他先在州议会中工作了两届。然后，他竞选副州长失败。这是一次沉重的打击。但他用这样一句格言鼓励自己："经验不等于经历，经验是一个人经过经历所获得的感受。"这指导他更自觉地去尝试。

紧接着，他学会驾驶一辆特制的汽车并跑遍全国，发动了一场支持退伍军人的事业。那一年，总统命他担任全国复员军人委员会负责人，那时他34岁，是在这个机构中担任此职务最年轻的一个人。约翰卸任后，回到自己的家乡。1982年，他被选为州议会部长，1986年再次当选。

后来，约翰已成为亚特兰城一个传奇式人物。人们经常在篮球场上看到他摇着轮椅打篮球。他经常邀请年轻人与他进行投篮比赛。他曾经用左手一连投进了18个空心篮。引用一句格言："你必须知道，人们是以你自己看待自己的方式来看待你的。你对自己自怜，人家则会报以怜悯；你充满自信，人们会待以敬畏；你自暴自弃，多数人就会嗤之以鼻。"一个只剩一条手臂的人能成为一名议会部长，能被总统赏识担任一个全国机构的要职，是这些格言给了他力量。同时，他的成功也成了这些格言的有力佐证。

约翰之所以能够生存下来并创造事业的辉煌，是因为他坚信人生没有过不去的坎儿。任何一个人的一生都不会一帆风顺，遇到逆境犹如家常便饭。逆境对懦夫来说是一道难以逾越的高墙，在它面前望而却步；而对勇士来说却犹如动力之源，在它面前变得更强。古人云："天将降大任于斯人也，必先苦其心志，劳其筋骨，饿其体肤，空乏其身，行拂乱其所为；所以动心忍性，增益其所不能。"逆境是一种人生的考验，身处逆境而不泄气，不放弃自己，不就此沦落，奋起直追，敢于同命运抗争，便能走向成功。

生活中，有些人一遇挫折就灰心丧气、意志消沉，甚至用死来躲避厄运的打击。这是软弱者的体现，生比死更需要勇气，死只需要一时的勇气，生则需要一世的勇气。每个人的一生中都可能有消沉的时候，居里夫人曾两次想过自杀，奥斯特洛夫斯基也曾用手枪对准过自己的脑袋，但他们最终都以顽强的意志面对生活，并获得了巨大的成功。可见，一时的消沉并不可怕，可怕的是在消沉中不能自拔。要是我们能在任何时候都心存希望，无疑生活最终会为我们开启另一扇门。坚信冬天之后春天会来临。在困难面前不低头，昂首挺进，直至迎来生命的春天。

成功就是爬起比跌倒的次数多一次

彼得·丹尼尔小学时常遭老师菲利浦太太的责骂："彼得，你功课不好，脑袋不行，将来别想有什么出息！"彼得在26岁前仍大字不识几个，有一次，一位朋友念了一篇《思考才能致富》的文章给他听，给了他相当大的启示。现在他买下了当初他常打架闹事的街道，并且出版了一本书——《菲利浦太太，你错了》。

《小妇人》的作者露慧莎·梅艾尔卡特的家人曾希望她能找个佣人或裁缝之类的工作。

歌剧演员卡罗素以美妙的歌声享誉全球，但当初他的父母希望他能当工程师，而他的老师说他那副嗓子是不能唱歌的。

沃特·迪士尼当年被报社主编以缺乏创意为由开除，建立迪士尼乐园前曾破产好几次。

亨利·福特在成功前曾多次失败，破产过 5 次。

丘吉尔小学六年级曾遭留级，而他的前半生也充满失败与挫折，直到 62 岁他当上英国首相后，才以"老人"的姿态开始一番作为。

迈克·福布斯，后来成为世界上最成功的商业发行刊物之一——《福布斯》杂志的总编辑，然而他在普林斯顿大学读书时，与学校报刊的编辑无缘。

爱迪生小时候反应奇慢无比，老师都认为他没有学习能力。爱迪生试验了超过 2000 次以上才发明灯泡。有一位年轻记者问他失败了这么多次的感想，他说："我从未失败过一次。我发明了灯泡，而那整个发明过程刚好有 2000 个步骤。"

由于多年以来持续地丧失听力，德国作曲家贝多芬在 46 岁时完全成为聋子。不过，他在晚年谱写了他作品中最好的乐章，其中包括 5 首交响乐。

罗斯福，在 39 岁时瘫痪，然而，之后他成为美国最受爱戴以及最具影响力的总统之一。他曾经当选过 4 届美国总统。

莎拉·玛兰，被许多人视为有史以来最伟大的女艺人之一，当她 70 岁时，因为一次意外受伤而截肢，但是她仍然继续表演了 8 年之久。

1952 年，艾德蒙想要攀登世界最高峰——珠穆朗玛峰。在他失败后数周，他被邀请到英国一个团体演讲。他走到讲台边，握拳指着山峰照片大声说："珠穆朗玛峰！你第一次打败我，但是我将在下一次打败你，因为你不可能再变高了，而我仍在成长中！"一年以后的 5 月 29 日，艾德蒙成功地登上了珠穆朗玛峰。

……

就像这些成功人士一样，纵然在人生之路上跌倒无数次，但只要站起来的次数多过跌倒，最后就能成功。正如著名作家海明威在《老人与海》里面的一句话："英雄可以被毁灭，但是不能被击败。"英雄的肉体可以被毁灭，但是精神和斗志不能被击败。受苦的人，因为要克服困难，所以不但不能悲观，而且要比别人更积极。

据说徒步穿过沙漠，唯一可行的办法，是等待夜晚，以最快速度走到有荫庇的下一站，中途不论多么疲劳，也不能倒下。否则第二天烈日升起，加上沙炙人的辐射，只有死路一条。在冰天雪地中历过险的人也都知道，凡是在中途说"我撑不下去了，让我躺下来喘口气"的同伴，都很快会死亡。因为当他不再走、不再动，他的体温会迅速降低，慢慢就会被冻死。

在人生的战场上，我们不但要有跌倒之后再爬起来的毅力、拾起武器再战的勇气，而且从被击败的那一刻起，就要开始准备下一轮的奋斗，甚至不允许自己倒下，不准许自己悲观。这样，我们才不会彻底输，而只是暂时地"没有赢"。

一个人要在任何情况下都勇敢地面对人生，无论遭遇什么，依然能保持生活的勇气，保持不服输的奋斗精神，做生活的强者。要有所成，就不得不忍受失败的折磨，在失败中锻炼自己、丰富自己，使自己更强大、更稳健。这样才可以水到渠成地走向成功。

有竞争就会有失败，失败的时候，正是我们学会思考和总结的黄金成长期。但很多人害怕被否定，一旦失败，就再也不想去尝试，越是想要逃避失败的噩运，越是重蹈覆辙，以致最后落得无可救药。人们常说："胜败乃兵家常事，因此要胜勿骄，败勿馁。"而更重要的是要经得起挫折，在遇到挫折时多坚持一下，重整旗鼓，只要站起来的次数多过跌倒，就能开辟人生另一个战场。

我们都曾经经历过中考、高考的竞争，步入社会参加工作的时候又会遇到面试和职场技能的竞争，在这样的竞争中我们会成功，也会失败。成功是一份难得的经历，失败是一笔宝贵的财富。我们应在竞争、失利中练就我们承受挫折的勇气，为以后人生的成功做好铺垫。

从哪里跌倒，就从哪里爬起来

荀子说："骐骥一跃，不能十步；驽马十驾，功在不舍。""水滴石穿，绳锯木断。"成功贵在坚持，要取得成功就要坚持不懈地努力，很多人的成功，也是饱尝了许多次的失败之后得到的，我们经常说什么"失败乃成功之母"，成功诚然是失败的奖赏，却也是能够坚持者的奖赏。

在黑暗中摸索，有时需要很长时间才能找寻到通往光明的道路。以勇敢者的气魄，坚定而自信地对自己说一声："再试一次！"再试一次，你就有可能达到成功的彼岸。记住这句话：再长的路，一步一步总能走完；再短的路，不迈开双脚将永远无法到达。再多一点努力，多一点坚持，你会惊奇地发现，空气里到处穿行着绚烂的成功之花。古今中外，哪个成功者不是依靠坚持而取得成就的呢？

日本大名鼎鼎的"推销大王"高木，当年，在进入推销界的初期，他也是一切都不如意。他每天跑三十几家单位去推销复印机。在战后百业待兴的时期，复印机是一种非常昂贵的新型商品，绝大部分机关和公司都不会购买。大多数机构，连大门都不让进；即使进去了，也很难见着主管。于是他只好设法弄到主管的家庭地址，再登门拜访，而对方往往让他吃闭门羹："这里不是办公室，不谈公务。你回去吧。"第二次去，口气更为强硬："你还不走，我可要叫警察了！"头三个月的业绩为零，他一台复印机也没有卖出去。他没有月薪，一切收入都来自交易完成以后的利润分成，没有做成生意，就没有一分钱收入，他身上经常一文不名，出差在外时住不起旅馆，只好在火车候车室过夜。但他仍然坚持着。

有一天，他打电话回公司，问有没有客户来订购复印机。这种电话他每天都要打，每次得到的都是值班人有气无力地回答："没有。"但这一天，值班的人回答的口气不同了："喂，高木先生，有家证券公司有意购买，你赶快和他们联系一下吧。"简直是奇迹，这家公司决定一次购买八台复印机，总价是 108 万日元，按利润的 60% 算，高木可得报酬超过 10 万日元。这是他的第一次成功。从此以后，时来运转，他的销售业绩直线上升，连他自己都觉得惊讶。

进入公司半年以后，高木已经是公司的最佳销售员了。他觉得，自己之所以能够成功，是因为他将整个生命都投入这个工作中去了，即使挫折也不能把他打倒，他一定要坚持，成功一定会来临。

后来，高木成为日本推销界著名的人士，成了日本的"推销大王"。

世界上最容易的事是坚持，最难的事也是坚持。能否坚持不懈，是界定一个人成功与失败的分水岭。像参加马拉松赛跑，最初参加竞赛的人可以说是成百上千。但是跑了一段路程之后，参赛的人便渐渐少起来。原因是坚持不下去的人，逐渐自我淘汰了，而且越到后面人越少，全程都跑完能够冲刺的人更少，奖牌实际上就是在这些坚持到最后的人当中产生。

做任何事情都和比赛一样，成功与失败往往只是一步或半步之差，因而起决定作用的只是最后那一瞬间。退出比赛的人永远不会获胜。人生有限，每个人的经历都是珍贵的，每一次遭遇困难时，你只要告诉自己再坚持一下，再尝试一次，你就会感到成功的呼吸！

低谷的短暂停留，是为了向更高峰攀登

生活陷入困顿，人生陷入低谷，这是每个人都会遇到的，在这个时候千万不能灰心丧气。世界上最容易、最有可能取得成功的人，就是那些坚韧不拔的人。无论你现在的境况如何，都要保持坚持、百折不挠。

任何成功的人在达到成功之前，没有不遭遇失败的。爱迪生在经历了 2000 多次失败后才发明了灯泡，而沙克也是在试用了无数介质之后，才培养出小儿麻痹疫苗。"你应把挫折当作是使你发现你思想的特质，以

及你的思想和你明确目标之间关系的测试机会。"如果你真能理解这句话，它就能调整你对逆境的反应，并且能使你继续为目标努力，挫折绝对不等于失败，除非你自己这么认为。

铸就坚毅的品格，是你迈向成功的基石。

李吉均，我国著名地理学家，1933年10月9日生于四川彭县，从事冰川学、地貌学与第四纪研究。在青藏高原起源及冰川演变、庐山地貌及冰川成因等一系列问题上做出了开拓性贡献，其成果被广泛应用。李吉均在回顾自己的学术道路时，把自己的成功归结为"持久"，"持久地追求理想，持久地追求科学真理"。1971年李吉均义无反顾地踏上了青藏高原，尝尽了生活的艰难困苦。1974年，在西藏羊卓雍湖畔的冰川上，李吉均积劳成疾，患上了严重的肺气肿，但他仍然坚持工作。虽然工作又苦又危险，但李吉均的内心却真切地感受到了充实和快乐。是啊，能够不受干扰地为祖国做一些真真切切的实事，向自己的理想实实在在地迈进是何等的幸福啊！

在西藏和新疆工作期间，李吉均凭着一颗执着的心、顽强的意志和满腔的热情，对天山、祁连山、横断山脉的冰川进行了大量翔实周密的考察，积累了大量极有价值的科学数据，而这就成了他后来科学与研究取得成功的坚实基础。通过实地考察，李吉均对李四光主张的庐山古冰川渐生疑团，李四光可以说是我国地质学界的泰斗，敢于怀疑他的论断，无疑需要巨大的理论勇气。但李吉均凭着一股执着的劲儿参与了关于中国东部古冰川的大争论。他充分利用与庐山同纬度的横断山区的海洋性冰川的研究成果，自成一家之言，并得到了地理学界的广泛认可。

人生之路难免会有坎坷，追求成功的道路更会有许多艰辛，关键是如何面对这一切，李吉均的事迹告诉我们成功的关键。

我们的力量来自我们自身，直到我们被戳、被刺，甚至被伤害到疼痛的程度时，它才会被唤醒。伟大的人物总是愿意被当成小人物看待，当他坐在占有优势的椅子中时会昏昏睡去，当他被摇醒、被折磨、被击败时，便有机会可以学习一些东西了；此时他必须运用自己的智慧，发挥他的刚毅精神，他会了解事实真相，从他的无知中学习经验，治疗好他的自负精神病。最后，他会调整自己并且学到真正的技巧。

因此，无论经历怎样的失败和挫折，你都要从精神上去战胜它，别把它当一回事，甩甩手从头再来，成功终究会来临。

最糟糕的遭遇有时只是美好的转折

人生在世，与命运抗争几个回合后，便臣服于逆境、挫折，你将输掉整个一生的幸福。要想真正战胜失败，关键是要学会昂首挺胸，正视失败，从中吸取教训，下次不再犯同样的错误。只有愚蠢到不可救药的人才会在同一个地方被同一块石头绊倒两次，这样的人也无法从失败中把握未来，实现命运的转折。击败逆境，离成功就又近了一步。

法国伟大的批判现实主义作家巴尔扎克，一生创作了96部长、中、短篇小说和随笔，他的作品传遍了全世界，对世界文学的发展和人类进步产生了巨大的影响。他曾被马克思、恩格斯称赞为"超群的小说家""现实主义大师"。

在成名之前，巴尔扎克曾经历过一段困顿和狼狈的日子，很少有人能够想象得出，那种窘迫与艰辛曾经是怎么折磨他的。

巴尔扎克的父亲一心希望儿子当律师，将来在法律界有所作为。但巴尔扎克根本不听父亲的忠告，学完四年的法律课程后，他偏偏想当作家，为此把父子关系弄得相当紧张。盛怒之下，父亲断绝了巴尔扎克的经济来源。而此时，巴尔扎克投给报社、杂志社的各种稿件被源源不断地退回来。他陷入了困境，负债累累。

然而，他丝毫没有向父亲屈服的意思。有时候，他甚至只能就着一杯白开水吃点干面包。但他依然乐观，对文学的热爱已经深深地种植在他的内心，他觉得没有什么困难可以阻挡自己向缪斯女神膜拜的脚步。他想出一个对抗饥饿与困窘的办法，每天用餐，他随手在桌子上画上一只只盘子，上面写上"香肠""火腿""奶酪""牛排"等字样，在想象的欢乐中，他开始狼吞虎咽。

为了激励自己，巴尔扎克还买了一根粗大的手杖，并在手杖上刻了一行字：我将粉碎一切障碍。正是手杖上这句气壮山河的名言支持着他。他夜以继日，不断地向创作高峰攀登。最终，他获得了巨大的成功。

巴尔扎克面对窘迫的生存环境仍不放弃自己的追求，最终他得以实现自己的梦想，写出了脍炙人口的著作，闻名于世。哲人尼采曾放言："那些能将我杀死的事物，会使我变得更有力。"在逆境中挣扎奋斗过，你终会窥见幸福的真谛。成功人士并不是天生的强者，他们的坚强、韧性并非与生俱来，而是在后天的奋斗中逐渐形成。弱者有自己生存的方式，只要相信弱者不弱，勇敢面对人生的诸多大敌，我们同样能笑到最后。

剑桥大学安东尼·霍金森教授曾经说过："我们要使自己成为战胜挫折的胜利者，而不是成为挫折的牺牲品。"挫折能把弱者削平，也能造就一个千锤百炼的强者。

当挫败来临时，用雪莱的诗勉励自己："冬天来了，春天还会远吗？"只要我们能重燃信心之火，就一定能找到崛起的机会。失败不代表人生的终结，它或许就是下一次成功的开启之门，关键在于你有没有勇气站起来推开它。

你不放弃自己，世界就不会放弃你

失败并不可怕，可怕的是跌倒了就再也爬不起来，失败一次就不敢去追求成功。要知道，只有坦然面对失败，从中吸取教训，失败才具有意义。失败之后才会迎来成功。失败是登上成功顶峰的阶梯，并不是每个人在一开始都能懂得。只有在经历失败之后，才会发现不足，才能获得提高。就如我们所说：失败的背后就是成功。

1510年，帕里斯出生在法国南部，他一直从事玻璃制造业，直到有一天看到一只精美绝伦的意大利彩陶茶杯。这改变了他一生的命运。

"我也要造出这样美丽的彩陶。"这是他当时唯一的信念。

他建起烤炉，买来陶罐，打成碎片，开始摸索着进行烧制。

几年下来，碎陶片堆得像小山一样，可他心目中的彩陶却仍不见踪影，他甚至无米下锅了，无奈只得回去重操旧业，挣钱来生活。他赚了一笔钱后，又烧了三年，碎陶片又在砖炉旁堆成了山，可仍然没有结果。以后连续几年，他挣钱买燃料和其他材料，不断地试验，都没有成功。长期的失败使人们对他产生了看法。都说他愚蠢，是个大傻瓜，连家里人也开始埋怨他。他也只是默默地承受。试验又开始了，他十多天都没有脱衣服。日夜守在炉旁。燃料不够了。他拆了院子里的木栅栏，怎么也不能让火停下来呀！又不够了！他搬出了家具，劈开，扔进炉子里。还是不够，他又开始拆屋子里的地板。噼噼啪啪的爆裂声和妻子儿女们的哭声，让人听了鼻子酸酸的。马上就可以出炉了，多年的心血就要有回报了，可就在这时，只听炉内"嘭"的一声，不知是什么爆裂了。所有的产品都沾染上了黑点，全成了次品。

眼看到手的成功，又失败了！帕里斯也感受到了巨大的打击，他独自一人在田野里漫无目的地走着。不知走了多长时间，大自然终于使他恢复了心里的平静，他平静地又开始了下一次试验。

经过16年无数次的艰辛历程，他终于成功了，而这一刻，他却一片平静。他的作品成了稀世珍宝，价值连城，艺术家们争相收藏。他烧制的彩陶瓦，至今仍在法国的卢浮宫里闪耀着光芒。

他的成功来得何等不易。在一次又一次的失败中，一次又一次重新站起来，这正是帕里斯的成功所在。失败了，永远不要放弃，谁知道哪次失败之后不会迎来成功的喜悦呢？

西奥多·罗斯福说："最好的事情是敢于尝试所有可能的事，经历了一次次的失败后赢得荣誉和胜利。这远比与那些可怜的人们为伍好得多，那些人既没有享受过多少成功的喜悦，也没有体验过失败的痛苦，因为他们的生活暗淡无光，不知道什么是胜利、什么是失败。"在这个世界上，有阳光，就必定有乌云；有晴天，就必定有风雨。从乌云中解脱出来阳光比以前更加灿烂，经历过风雨的洗礼天空才更加湛蓝。人们都希望自己的生活如丝顺滑，如水平静，可是命运却给予人们那么多波折坎坷。我们要知道，困难和坎坷只不过是人生的馈赠，它能使我们的思想更清醒、更深刻、更成熟、更完美。

失败是成功之母，这是被无数事实证明的一条真理，在通向成功的路上，失败几乎是难以避免的；但对奋斗者来说，失败就意味着向成功又迈进一步。任何事情的成功，无不与失败有着千丝万缕的关系。成功与失败是同时存在的，就像一对双胞胎。当你成功的时候，有着将要面对失败的危机；当你失败的时候，也有着将要成功的希望。这主要在于我们怎样面对成功与失败。

而我们现在，一遇到失败，就常常沉浸在沮丧、痛苦之中，失去了信心，有的甚至还放弃了反败为胜的机会。难道我们把眼泪流干了，就能改变失败的机会？难道我们把眼泪流干了，就能改变失败的事实吗？我们的回答是：不。因此我们只有坚强地面对失败才能从失败中看到成功的希望。

所以，不要害怕失败，在失败面前，只有永不言弃者才能傲然面对一切，才能最终取得成功，其实，失败仅仅是成功的开始！

第五章

对自己有要求的人，运气
都不会太差

人的伟大之处在于知道自己的渺小

有一位研究生，在校时成绩很好，大家都很看好他，认为他必将有一番了不起的成就。后来，他是有了成就，但既不是高官也不是老总，而是卖米线卖出了成就。

原来，他毕业后不久，得知家乡附近的夜市有一个过桥米线的小摊要转让，他那时还没找到工作，就向家人借钱，把它买了下来。因为他对烹饪很有兴趣，便自己当老板，卖起米线来。他的研究生身份曾招来很多不以为然的目光，但却也为他招来不少生意。他自己倒从未对自己学非所用及高学低用产生过怀疑。

现在呢，他还在卖米线，但也搞投资，钱赚得比一般人不知多多少倍。

"要放下身份，不要被面子所左右。"这是那位同学的口头禅和座右铭，放下身份，路会越走越宽。

那位同学如果不去卖米线或许也会很有成就，但无论如何，他能放下研究生的身份，还是很令人佩服的。你不必学他非得去做类似的事情不可，但在必要的时候，实在也要有他的勇气。

人的"身份"是一种"自我认同"，并不是什么不好的事，但这种"自我认同"也是一种"自我限制"，也就是说："因为我是这种人，所以我不能去做那种事。"而自我认同越强的人，自我限制也越厉害。博士不愿意当基层业务员，高级主管不愿意主动去找下级职员，知识分子不愿意去做"不用知识"的工作……他们认为，如果那样做，就有损他的身份和面子。

在成功人士看来，如果你想在社会上走出一条路来，那么就要放下身份和面子，让自己回归到"普通人"。同时，也不要在乎别人的眼光和批评，做你认为值得做的事，走你认为值得走的路。

舍弃面子的人能比别人早一步抓到好机会，也能比别人抓到更多的机会，因为他没有面子的顾虑。

俗话说，可怜之人必有可恨之处，对于那些宁愿吃低保，也要保住面子而不愿努力打拼挣钱的人，大家是最瞧不起的。

如果不放下"身份"，只会让路越走越窄。不是说有"身份"的人就不能有得意的人生，但我们相信，在非常时刻，如果还放不下身份，那么只会让自己无路可走。像博士如果找不到工作，又不愿意当业务员，那只有挨饿；如果能放下身份，那么路就越走越宽。

你如果想在社会上走出一条路来，那么就要放下身份，也就是放下你的学历、放下你的家庭背景、放下你的身份和面子，让自己回归到一个普通人，甚至比普通人更为谦虚。同时，不要活在别人的评价里，做自己认为该做的事，走自己认为该走的路。

"放下身份"比放不下身份的人在竞争上多了几个优势。

能放下身份的人，他的思考富有高度的弹性，不会有刻板的观念，而能吸收各种资讯，形成一个庞大而多样的资讯库，这将是他的本钱。

能放下身份的人能比别人早一步抓到好机会，也能比别人抓到更多的机会，因为他没有身份的顾虑。

有一则这样的故事：一个千金小姐随着婢女在饥荒中逃难，干粮吃尽后，婢女要小姐一起去乞讨，千金小姐说："我是小姐。"小姐不愿意去。结果呢？饿死了。

如果你想追求成功，就要放下你的身份，不管以前的你多么高大、多么辉煌，都应该努力使自己心态平静，有从零开始做的准备，这样，你的路才会越走越宽。

"爱面子"让人一事无成

中国人常说："人活一张脸，树活一层皮。"人人都爱面子，然而若因此就固执地以"面子"为重，养成死要面子的人生态度却不是件好事。

有一个人做生意失败了，但是他仍然极力维持原有的排场，唯恐别人看出他的失意。为了能重新振兴起来，他经常请人吃饭，拉拢关系。宴会时，他租用私家车去接宾客，并请了两个钟点工扮作女佣，佳肴一道道地端上，他以严厉的眼光制止自己久已不知肉味的孩子抢菜。

虽然前一瓶酒尚未喝完，他已打开柜中最后一瓶 XO。当那些心里有数的客人酒足饭饱告辞离去时，每一个人都热情地致谢，并露出同情的眼光，却没有一个人主动提出帮助。

希望博得他人的认可是一种无可厚非的正常心理，然而，人们在获得了一定的认可后总是希望获得更多的认可。所以，有的人的一生就为寻求他人的认可而活在爱慕虚荣的牢笼里面，面子左右了他们的一切。

50多年前，林语堂先生在《吾国吾民》中指出，统治中国的三女神是"面子、命运和恩典"。"讲面子"是中国社会普遍存在的一种心理，面子观念的驱动，反映了中国人尊重与自尊的情感和需要，但过分地爱面子，终将得不偿失。

有一个博士分到一家研究所，是所里学历最高的一个人。

有一天，他到单位后面的小池塘去钓鱼，正好正、副所长在他的一左一右，也在钓鱼。他只是微微点了点头，这两个本科生，有啥好聊的呢？

不一会儿，正所长放下钓竿，伸伸懒腰，蹭蹭蹭从水面上如飞地走到对面上厕所。博士眼珠都快掉下来了。水上漂？不会吧？这可是一个池塘啊。正所长上完厕所，同样也是蹭蹭蹭地从水上漂回来了。怎么回事？博士生又不好去问，自己是博士生哪！

过了一阵，副所长也站起来，走几步，蹭蹭蹭地漂过水面上厕所。这下子博士更是差点昏倒：不会吧，到了一个江湖高手集中的地方？博士生也内急了。这个池塘两边有围墙，要到对面厕所非得绕十分钟的路，而回单位上又太远，怎么办？博士生也不愿意问两位所长，憋了半天后，也起身往水里跨：我就不信本科生能过的水面，我博士生不能过。只听"咚"的一声，博士生栽到了水里。

两位所长将他拉了出来，问他为什么要下水，他问："为什么你们可以走过去呢？"两所长相视一笑："这池塘里有两排木桩子，由于这两天下雨涨水正好在水面下。我们都知道这木桩的位置，所以可以踩着桩子过去。你怎么不问一声呢？"

上面的这个例子再经典不过了，一个人过于爱面子，难免会流于迂腐。"面子"是"金玉在外，败絮其中"的虚浮表现，刻意地张扬面子，或让"面子"成为横亘在生活之路上的障碍，总有一天会吃苦头。因此，无论是人际方面还是在事业上，我们都不要因为小小的面子，为自己的生活带来不必要的麻烦和隐患。其实"面子观"是一种死守面子、唯面子为尊的价值观念和行事思想。"面子观"对我们行事做人有很大的束缚。因此，在不利的环境下我们要勇于说"不"，千万别过多地考虑"面子"，使自己陷入"面子观"的怪圈之中。

事实上，我们没必要为了面子而固执地使自己显得处处比别人强，仿佛自己什么都能做到。每个人都有缺陷，不要试图每一方面都在人上。聪明的人，敢于承认不如人，也敢于对自己不会做的事说"不"，所以他们自然能赢得一份适意的人生。

执着，让我们赢得了通往成功的门票，而固执，让我们在死守自己强势死不认输时，却输掉了整个人生。所以，正确剖析自己，敢于承认技不如人，放下不值钱的面子，走出面子围城，这不是软弱，而是人生的智慧。

你容得下别人，别人才能容下你

每个人都有可取的一面，也有不足的地方。与人相处，如果总是苛求十全十美，那么永远也交不到真心的朋友。苛求会导致失去，追求完美也要适度。不苛求星星也光芒四射，只需它点缀黑暗的天空；不苛求小草也撑起一片阴凉，只需它整天绿茵；不苛求一滴水也滋润整个麦田，只需它昭示着生命的存在。"不以物喜，不以己悲"，让一切自然地来，让一切淡淡地去，生命给了我们什么，就去享受什么，平淡也好，腾达也好，快乐和忧伤疑惑、幸福与苦难，都坦然地接受，用心去感受，因为每一点一滴都记录着自己的人生。

在这一点上，曾国藩早就有了自己的见解，他曾经说过："概天下无无瑕之才，无隙之交。大过改之，微瑕涵之，则可。"意思是说，天下没有一点缺点也没有的人，没有一点间隙也没有的朋友。有了大的错误，要能够改正，剩下小的缺陷，人们给予包容，就可以了。为此，曾国藩总是能够宽容别人，谅解别人。

当年，曾国藩在长沙读书，有一位同学性情暴躁，对人很不友善。因为曾国藩的书桌是靠近窗户的，他就说："教室里的光线都是从窗户射进来的，你的桌子放在了窗前，把光线挡住了，这让我们怎么读书？"他命令曾国藩把桌子搬开。曾国藩也不与他争辩，搬着书桌就去了角落里。曾国藩喜欢夜读，每每到了深夜，还在用功。那位同学又看不惯了："这么晚了还不睡觉，打扰别人休息，第二天怎么上课啊？"曾国藩听了，不敢大声朗诵了，只在心里默读。后来，曾国藩中了举人，那人听了，就说："他把桌子搬到了角落，也把原本属于我的风水带去了角落，他是沾了我的光才考中举人的。"别人听他这么一说，都为曾国藩鸣不平，觉得那个人欺人太甚。可是曾国藩毫不在意，还安慰别人说："他就是那样子的人，就让他说吧，我们不要与他计较。"

凡是成大事者，都有广阔的胸襟。他们在与别人相处的时候，不会计较别人的短处，而是以一颗平常心看待别人的长处，从中看到别人的优点，弥补自己的不足。如果眼睛只看到别人的短处，那么这个人的眼里就只有不好和缺陷，而看不到别人美好的一面。在生活中，每个人都可能跟别人发生矛盾。如果一味地跟别人计较，就可能浪费自己很多精力。与其把自己的时间浪费在一些鸡毛蒜皮的小事上，不如敞开胸怀，给别人一次机会，也可以让自己有更多的精力去做更多有意义的事情，收获成功。

　　宽容比强硬的反抗更具有感召力。可是，我们与别人发生矛盾时，总想着与别人争出高低来，但是往往因为说话的态度不好，使得两个人吵起来，甚至大打出手。其实，牙齿哪有不碰到舌头的。很多事情忍耐一下，也就过去了。有些矛盾的产生，别人也不一定就是故意的，我们给予他包容，他可能会主动认识到错误，从而也给自己减少了很多麻烦。

放大镜看人优点，缩微镜看人缺点

　　在现实生活中，不难发现很多人因为一些磕磕碰碰便和他人吵架斗嘴，甚至大打出手。很多人甚至认为，对于别人的冒犯就应该"以牙还牙，以血还血"。他们容不得别人对自己的一丁点儿冒犯。在与他人交往的过程中，他们把别人身上的缺点无限扩大，动不动就责怪他人。对于别人身上的优点呢？则以"这有什么了不起"来对其嗤之以鼻。这其实是非常可悲的。因为当一个人以刻薄小气的胸襟为人处世时，他绝不可能有什么出息。一个用"缩微镜看人优点，放大镜看人缺点"的人，绝对不会获得美好的友谊和得到别人的帮助。

　　生活中，我们要善于发现别人身上的优点而不是缺点，努力学习别人的优点，这才是正确的行为。也只有以这种"放大镜看人优点，缩微镜看人缺点"的心态，才能有宽广的胸襟，才能赢得别人的敬重和取得成功。

蔡元培就是一个有着大胸襟的人。他担任北京大学校长时，曾有这么两个"另类"的教授。一个是辜鸿铭。辜鸿铭当时应蔡元培之请来讲授英国文学。辜鸿铭的学问十分宽广而庞杂，他上课时，竟带一童仆为之装烟、倒茶，他自己则是"一会儿吸烟，一会儿喝茶"，学生焦急地等着他上课，他也不管，很快，就有人把这事反映到蔡元培那儿。然而蔡元培并不生气。他对前来反映情况的人解释说："辜鸿铭是通晓中西学问和多种外国语言的难得人才，他上课时展现的陋习固然不好，但这并不会给他的教授工作带来实质性的损害，所以他生活中的这些习惯我们应该宽容不较。"一段时间后，再也没有人来告状了，因为辜鸿铭的课堂里挤满了北大的学子。很多学生为他渊博的知识、学贯中西的见解而折服。辜鸿铭讲课从来不拘一格，天马行空的方式更是大受学生欢迎。

另一个人，则是受蔡元培的聘请，教《中国古代文学》的刘师培。据冯友兰、周作人等人回忆，刘师培给学生上课时，"既不带书，也不带卡片，随便谈起来"，且他的"字写得实在可怕，几乎像小孩描红相似，而且不讲笔顺"，"所以简直不成字样"，这种情况很快也被一些学生、老师反映到蔡元培那儿。然而蔡元培却微微一笑，说："刘师培讲课带不带书都一样啊，书都在他脑袋里装着，至于写字不好也没什么大碍啊。"后来学生们发现刘师培讲课是"头头是道，援引资料，都是随口背诵"，而且文章没有做不好的。

从蔡元培对辜鸿铭和刘师培两位教授的处理方法，可见蔡元培量用人才的胸怀是何等求实、豁达而又准确。他把对师生个性的尊重与宽容发挥到了极致。为了实现改革北大的办学理想，迅速壮大北大实力，他极善于抓住主要矛盾和解决问题的关键，把尊重人才个性与用人所长理智地结合起来。他曾精辟地解释："对于教员，以学诣为主。在校讲授，以无悖于第一种之主张（循思想自由原则，取兼容并包主义）为界限。

其在校外之言动，悉听自由，本校从不过问，亦不能代负责任。夫人才至为难得，若求全责备，则学校殆难成立。"

正是这种博大的胸襟，才使蔡元培能够发现真正的人才，也才使当时的北京大学有了长足的发展。美国著名的人际关系学家卡耐基和许多人都是朋友，其中包括若干被认为是孤僻、不好接近的人。有人很奇怪地问卡耐基："我真搞不懂，你怎么能忍受那些老怪物呢？他们的生活与我们一点儿都不一样。"卡耐基回答道："他们的本性和我们是一样的，只是生活细节上难以一致罢了。但是，我们为什么要用放大镜去看这些细枝末节呢？难道一个不喜欢笑的人，他的过错就比一个受人欢迎的夸夸其谈者更大吗？只要他们是好人，我们不必如此苛求小处。"

在现实生活里，我们应该学会以一种大胸襟来对待别人的缺点和过错。学会"容人之长"，因为人各有所长，取人之长补己之短，才能相互促进，学习才能进步；学会"容人之短"，因为金无足赤，人无完人。人的短处是客观存在的，容不得别人的短处就只会成为"孤家寡人"；学会"容人之过"，因为"人非圣贤，孰能无过"。历史上凡是有所作为的伟人，都能容人之过。

朋友们，当我们拥有以"放大镜看人优点，缩微镜看人缺点"的大胸襟时，我们便拥有了众多的朋友，拥有了无尽的帮助，也拥有了通向成功的门票。

对自己的对手"投之以木桃"

《诗经·卫风》云："投我以木桃，报之以琼瑶。"就是说，你对我好，我对你更好。普通的朋友之间尚且如此，倘若胸怀宽广，对自己的对手也能"投以木桃"，那你的对手也一定感激涕零，视你为恩人一般。日后定会寻找时机报答你，给予你帮助，让你获得更大的成功。

一位名叫卡尔的卖砖商人，由于同另一位对手的竞争而陷入困境之中。对方在他的经销区域内定期走访建筑师与承包商，告诉他们卡尔的公司不可靠，他的砖块不好，生意也即将面临歇业。卡尔对别人解释说他并不认为对手会严重伤害他的生意。但是这件麻烦事使他心中生出无名之火，真想"用一块砖来敲碎那人肥胖的脑袋作为发泄"。

"有一个星期天早晨，"卡尔说，"牧师布道的主题是：要施恩给那些故意为难你的人。我把每一个字都记下来。就在上个星期五，我的竞争者使我失去了一份25万块砖的订单。但是，牧师教我们要善待对手，而且他举了很多例子来证明他的理论。当天下午，我在安排下周日程表时，发现住在弗吉尼亚州的我的一位顾客，因为盖一间办公大楼需要一批砖，而所需的砖的型号是我们公司没有的，却与我竞争对手出售的产品很类似。同时，我也确定那位满嘴胡言的竞争者完全不知道这笔生意。"

这使卡尔感到为难，是遵从牧师的忠告，告诉对手这项生意，还是按自己的意思去做，让对方永远也得不到这笔生意呢？

到底该怎样做呢？卡尔的内心挣扎了一段时间，牧师的忠告一直在他心中。最后，也许是因为很想证实牧师是错的，他拿起电话拨到竞争对手家里。接电话的人正是那个对手本人，当时他拿着电话，难堪得一句话也说不出来。卡尔还是礼貌地直接地告诉他有关弗吉尼亚州的那笔生意。结果，那个对手很感激卡尔。

卡尔说："我得到了惊人的结果，他不但停止散布有关我的谎言，而且还把他无法处理的一些生意转给我做。"

对于对手，打击报复只能为自己埋下更多的祸根，而善待我们的对手，不但能够感化他们，还会为我们自己的事业扫除障碍。

以德报怨，善待对手。英国前首相丘吉尔一生都奉行这句话，在用人方面更是如此。

丘吉尔作为保守党的一名议员，历来非常敌视工党的政策纲领，但他执政时却重用了工党领袖艾礼，自由党也有一些人士进入了内阁。更令人称道的是，他在保守党内部，对待前首相张伯伦也没有以个人恩怨去处理他们之间的关系。他不计前嫌，很好地团结了众多对手，显示了他宽阔的胸怀和高明的用人之术。

张伯伦在担任英首相期间，曾再三阻碍丘吉尔进入内阁，他们的政见不合，特别是在对外政策上，张伯伦和丘吉尔存在很大的分歧。后来张伯伦在对政府的信任投票中惨败，社会舆论赞成丘吉尔领导政府。出人意料的是，丘吉尔在组建政府的过程中，坚持让张伯伦担任下院领袖兼枢密院院长。这是因为他认识到保守党在下院占绝大多数席位，张伯伦是他们的领袖，在自己对他进行了多年的批评和严厉的谴责之后，取张伯伦而代之，会令保守党内许多人感到不愉快。为了国家的最高利益，丘吉尔决定留用张伯伦，以赢得这些人的支持。

后来的事实证明，丘吉尔的决策很英明。当张伯伦意识到自己的绥靖政策给国家带来巨大灾难时，他并没有利用自己在保守党的领袖地位来给昔日的对手丘吉尔找麻烦，而是以反法西斯的大局为重，竭尽全力做好自己分内之事，对丘吉尔起到了较好的配合作用。

由此可见，如果你能够以一颗宽容的心来对待你的对手，善待你的对手，与对手冰释前嫌，就能赢得对手的尊重和友谊。

宽恕他人是一种难能可贵的品质，小人有妒才之心，君子有容人之量，善于宽容别人的人，不仅气量十足，而且智慧过人，因为宽容是去敌免祸的重要手段。针锋相对只会不断增加仇怨，使双方陷入无休止的缠斗之中，而在仇恨中想要成功避祸往往会很难。如果一开始就能够宽恕敌人，并将其转变为自己的朋友，那么仇恨和危险就能够得到及时化解，从而给自己营造出一个更加轻松安定的生活环境。所以，消除成见最好的办法就是将对手变成朋友。

容人小过，不念旧恶

古人说，"水至清则无鱼，人至察则无徒。"如果一个人要求与他交往的人都像天使一样纯洁，那他就要与上帝一起生活了。有句话说得好：人无完人，孰能无过？过而能改，善莫大焉。人不是圣人，谁都会犯错，只要不是一些原则性的大错，我们就没有必要太过计较。何必因为一些鸡毛蒜皮的小事而生气烦心呢？糊涂点儿才是真聪明。

西汉宣帝时的丞相叫丙吉，他有一个车夫好喝酒，醉酒后常有不检点的行为。有一次酒后为丙吉驾车，结果呕吐起来，弄脏了车子。丞相的属官为此骂了车夫一顿，并要求丙吉将此人撵走。丙吉说："何必呢！他本是一个不错的驭手，现在因为饮酒的过失被撵走了，谁还会雇用他呢！那叫他以后怎么办！就容忍了吧，况且，也不过就是弄脏了我这个当丞相的车垫子罢了。"于是继续让他驾车。

这个车夫的家在边郡，经常有关于边郡的消息。一次他外出，正巧碰上驿站上来了个从边郡往京城送紧急文件的使者，他就跟随到皇宫正门负责警卫传达的公车令那里去打听，知道是匈奴侵犯云中郡和代郡等。他马上赶回相府，将情况报告给丙吉，并建议道："恐怕在匈奴进犯的边境地区，有一些太守和长吏已经老病缠身，难以胜任用兵打仗了，丞相是否预先查验一遍，也好有个准备。"丙吉听了，觉得车夫的想法很对，家在边郡的人对这些事就考虑得特别细致，于是就召来属吏，让他们立即统计有关人员情况，以对边郡官员情况进行了解。

不久，汉宣帝召见丞相和御史大夫，询问遭匈奴侵犯的边境守将情况，丙吉当下对答如流，而御史大夫仓促间哪能回答得出，皇帝见他那副吞吞吐吐的窘态，大为生气，狠狠地加以责备，而对丙吉则大加赞扬，称许他能时时忧虑边境事务，忠于职守。其实，皇帝哪里知道这全是车夫的提醒之功啊！

军国大事本不是车夫所长，丙吉在朝也难以想到边郡的具体状况。只因容人小过，却意外收到了如此效果。

可见，容忍别人的小过失，他日后必将酬答；宽大自己的仇人，他有可能会尽力回报你。

郭进任山西巡检时，有个军校到朝廷控告他，宋太祖召见了那人，审讯后知道是诬告，就将他押送回山西，交给郭进，让郭进亲自处置他。当时正赶上北汉国入侵，郭进就对那人说："你敢诬告我，确实有点儿胆量。现在我赦免你的罪过，如果你能出其不意，消灭敌人，我将向朝廷推荐你。如果你被打败了，就自己去投河，不要弄脏了我的剑。"那个军校在战斗中奋不顾身，英勇杀敌，打了大胜仗，郭进就向朝廷推荐了他，使他得到提升。

明朝时期，杨士奇、杨荣等人，同时被选为文渊阁大学士。杨士奇先后历经五朝，在内阁为辅臣四十余年，与杨荣等人一同辅政。他知人善任，为官清廉。杨荣则以才实见长，但生活比较奢侈。《明史·杨士奇传》载，杨荣曾经多次接受边关大将馈赠的良马。皇帝听说后向杨士奇求证，杨士奇大力称赞杨荣通晓边关军务，是他和其他大臣都不能比的，不能因为他有这样的小错而掩其大德。皇帝听完则笑着告诉杨士奇，杨荣曾经在自己面前说过他的坏话，杨士奇听后不仅没有丝毫的不满，反而请求皇帝要信任杨荣。杨荣听说了这件事后，十分惭愧，两人后来建立了亲密的关系。

朱子曰：凡闻人所为不善，下至婢仆违过，宜且包藏，不应便尔声言。当相告语，使其知改。

容人小过，不仅因为人都有这样那样的过失、短处，而且还因为除了不可救药的人，都可以做到"过而能改"，并不自甘堕落。换言之，容人小过，也是在为"过而能改"的人创造改过的条件。这样才能获得别人的尊重。容人小过，不念旧恶，是我们每个人都应该遵守的一条社交法则。

要成人之美，不成人之恶

《论语·颜渊》篇说："君子成人之美，不成人之恶，小人反是。"这体现了浓厚的"仁者爱人"和"与人为善"的宽容气度。同时也显示了儒家思想中非常鲜明的是非观：好的就鼓励，坏的就制止。更显示了儒家"己欲立，先立人，己欲达，先达人"的博大胸怀。

生活中，大凡是好事情、好愿望，如果你有能力帮助，就应该伸出热情的手，给予支持，给予帮助。这种帮助可以说是"成人之美"，而"成人之美"的"君子"行为，都是得人心、受欢迎的。因为这是一种高尚的行为，是助人为乐、利人利众的表现。

黄先生是某厂的厂长，由于他善于成人之美，厂里的职工大都喊他美厂长，其意思不是指他的外表美，而是指他的行为美和心灵美。厂里的职员小胡，因工伤而断了一条腿，在家里休养了半年之久，小胡说：

"有一天，厂里的司机开车到我家里来，帮我收拾行李，说是要出一趟远门，我问到哪儿去，司机说到我想去的地方去！回到厂里，我的心里好一阵热乎！由司机扶进黄厂长的办公室，黄厂长立刻停下手头上的活，坐过来一边问我的腿伤，一边让秘书给我沏茶。我问黄厂长为啥把我接到厂部，黄厂长说我为了这个厂，献出了一条腿，作为厂长，应该资助我完成心愿——坐飞机，看海！还说这次由厂秘书负责陪我去实现这个愿望，其实是照顾我的生活起居！坐飞机和到海边去，的确是我的愿望，没想到厂长还记得，而且还把属于自己的疗养名额让给了我，说真的，当我由厂秘书陪着飞上天的那一刻，当我由厂秘书扶着站在大海边的那一刻，我的泪流了下来！这样的厂长，这样的朋友，我的心里会永远装着的……"

在人际交往中，要真正做到成人之美，就要关心他人、重视他人、帮助他人，为别人提供方便，使他人得到心理上的满足。成就别人也等于成就自己，成人之美，不仅使他人受益，同样也使自己受益。

科学家达尔文与华莱士的《进化论》创始人之"让"可谓是君子之风的充分体现。

1842年，达尔文开始着手写他的鸿篇巨制《进化论》。由于他是一个非常严谨的人，所以直到1858年他还在写这部书。他的朋友赖尔和虎克提醒他要加快速度，否则会有人捷足先登的，达尔文一笑置之。他是一个非常严肃认真的科学家，他要使自己的理论尽可能地完善、严谨。

后来事情的发展果然被朋友言中了。1858年夏天，达尔文收到一位叫华莱士的年轻人寄来的一篇论文，年轻人在论文中提出了与达尔文的进化论完全相同的观点。在附言中，华莱士请他所尊敬和信赖的科学家（达尔文）将论文推荐给赖尔。尽管达尔文比华莱士提前10年研究这个问题，而且也早已写出了完全可以表达自己观点的大纲，但他还是热情地将论文推荐给了他的朋友，并且放弃了自己的大规模写作。他的朋友认为这不公平，但他不以为意。当华莱士知道事情的真相后，非常感动，甘愿让出进化论创始人的位置。

两位科学家的胸襟不能不让人折服，他们是君子。

成人之美的举动，是值得颂扬和赞美的。不过，成人之美者，要有一双明辨是非的眼睛。别人的愿望是正确且有益于人的，我们就应该帮其实现；而别人的愿望只是为了其自己获名获利，且又损人损公时，我们就得坚决阻止并劝其放弃，继而帮其改过从善。

第六章

嘿，会遇到很多人哦

嗨，我喜欢你

英国学者培根曾说道："友谊能使快乐加倍，把悲伤减少一半。"可见友谊的重要性。友谊是人生最大的一笔财富，朋友在漫漫的人生之路上总是推动着我们前进，总是在关键的时刻助我们一臂之力，没有朋友的人在这个世上将显得非常孤立和可怜。好的朋友可以在精神上慰藉我们，让我们的身心可以得到更大的快乐，勉励我们道德上的提高；好的朋友可以在我们困难的时候主动伸出援手，不离不弃。英国伦敦的一家报社曾经悬赏征文对"朋友"一词的诠释，其中一个参赛者的解释是："当所有人都离我而去时，仍然在我身边的那个人。"这个解释虽然不够典雅和严格，但却一语道出了朋友的真谛。一个事业上再成功的人，倘若没有一个真心对他的朋友，那么他的人生无论如何也谈不上成功，这样的人当他回顾他的人生时，会觉得回忆是一片空白，满心荒芜。

比尔·盖茨说过："一个人永远不要靠自己一个人花100％的力量，而要靠100个人花每个人1％的力量。"许多时候，你面临生活和工作问题，单靠个人力量很难解决。但是朋友会帮你出主意，给你提供人力、物力、财力的支持，和你一起解决问题，那么你前方的路自然也就变得宽广了。

菲格特是一位善于依靠朋友创造财富的人。有一则关于他的故事，很好地说明了朋友的作用。菲格特经常去一座办公大厦办事。在大厦的电梯里，他常常遇见一位职业妇女。他每次遇见这位妇女时，总是礼貌地打招呼，说"你好"，或说"真巧，又遇到你"之类的话。终于有一天，他同这位妇女拉开了话题。经过那次交谈之后，他们就开始交往。后来，在一次晚餐时，这位妇女把一个男人介绍给了他。而这个男人正巧有个项目，急于找合伙人。经过交谈后，他们立即决定努力促成双方的初次合作。这次合作给菲格特带来了一笔意外之财。

朋友总是给你带来意想不到的收获，能够在关键的时刻助你一臂之力，不断地推动着你前进。一个人的成功应该由他所交的朋友的数量和质量来衡量，因为不管他积聚了多么庞大的财富，如果他没有朋友的话，那他的某些地方肯定是存在缺陷的。反之，品性良好的人，从来不缺真正的朋友，而且懂得珍惜身边的朋友，因为朋友是最为珍贵的礼物，正如古罗马著名哲学家西塞罗所说的那样："人类从无所不能的上帝那里得到的最美好、最珍贵的礼物就是友谊。"

那么，我们怎样才能赢得让自己受益终身的友谊呢？

第一，要尽可能结交优于自己的人，并朝这一目标努力。结交卓越的人士，便能见贤思齐；反之，若结交远逊于自己的朋友，自己难免同流合污。因为，人类往往是近朱者赤、近墨者黑。当然，这里所谓的"卓越的人士"，并非是指家世显赫、地位超绝的人，而是指有内涵、有修养的人。

第二，几乎所有的年轻人，都渴望能和才华横溢的人成为知交。总认为假使自己也小有才气，那更是如鱼得水。即使达不到此目的，也能满足自己与其共荣的心理。然而，即使是和这些才气纵横、魅力十足的人交往，也不可不顾一切地全身心投入。不丧失判断力，才是最适当的交往方法。

第三，尽量多交一些不同性格的朋友。这样可以弥补自己的不足，完善自己的个性，例如，孤僻的人需要交些开朗的朋友；过分受到保护的人需要交些自主性较强的玩伴；胆怯的人需要和较勇敢或富于冒险精神的人交往；幼稚的人能从和比较成熟的玩伴们的交往中得到益处。

第四，清楚看待朋友的优缺点。有些人不能很好地看到别人的优点和长处，却总看到别人的缺点和短处。这样的人即使勉强说一些赞扬别人的话，也很可能会使别人不高兴。如果你也有这种倾向，就一定要试着改变自己的视点。因为，一个人的优点和缺点往往是相对的。比如，过于神经质而斤斤计较的人，换一种角度就可以说是比较细心的人；马马虎虎、粗心大意的人，换一种角度就可以说是不拘小节而心胸宽广的人。优点和缺点往往是相对的，若着眼点不同，缺点也可以变成优点。一开始就与自己情投意合的人交往，自然会看到对方的优点。可是，与自己认为不好应付的人交往，就容易看到对方的缺点。这都是受自己的看法和观点的影响。自己要能冷静地看别人，认识到缺点也可以是优点。总之，要试着改变自己的视点。

第五，远离赞扬缺点的人。阿谀奉承的人不可能是真正的朋友，人往往都有虚荣心，喜欢听别人的夸奖和赞扬，有些人虚荣心作怪，为了求取这种名不副实的赞扬，他们甚至不惜与不如自己的人结交。一旦这样，不久你就会变得与他们层次相当，自然也就再也不愿结交出色的朋友了。这样的话，你就很难发现自己的缺点，更难以改正，久而久之，只能落得个恶习难改、新疾激增的恶性循环了。因此，对于一味奉承你的人，要提高要警惕，时刻保持清醒客观的头脑，不要一被别人奉承就忘乎所以。

跟谁一起玩，真的很重要

一个大森林里，住着一只鹿和一只乌鸦，它们相处得很和睦。有一天，一只豺来到森林里，对鹿说："你住在这座森林里，也没有一个伴儿，你如果和我做朋友，那该多好啊。"鹿听了豺的话以后，便把豺领到自己家里。乌鸦远远地看见豺走来的时候，就对豺有了戒心。它把鹿叫到一边，悄悄地对鹿说："兄弟，你不了解豺，就和它交朋友，可不太明智啊！"但是鹿没有听乌鸦的劝告，仍然同豺交了朋友。

一天，豺对鹿说："朋友，离这儿不远的地方有一大片金黄的稻田，到那里去你可以吃到你最喜欢吃的食物。"鹿听了豺的话，就每天到那片稻田里去偷吃稻子。护田人发现鹿天天来吃稻子，就布了网，准备捉住它。有一天，鹿刚刚来到田里就陷进网里了。鹿在网里想：在这危难时刻，我的朋友豺如果能来帮我的忙该多好啊！这时，豺果然到稻田里寻找鹿，当它发现鹿陷进了护田人的网里时，心想：鹿终于陷进网里了，好哇，这回护田人剥了它的皮，我就可以吃肉了。

鹿突然发现了豺，急忙哀求道："朋友，你能救我脱险吗？你不救我，我肯定活不了，请你想办法咬破这个网，救救我吧。俗话说：'患难知朋友，战场显英雄。'你如果救了我，我是不会忘记你的恩情的。"

豺说："朋友，我可怜你，我看到你落难，心里十分难过，我一定要咬破这张网。不过，今天是我的斋戒日，不能吃肉，这网是用羊肠做的，如果我一咬，便会破坏我的斋戒，等明天早晨再说吧。明天一早，我就来救你。"豺说完就走了，然后到一个隐蔽的地方藏了起来。

天快黑了，乌鸦还不见鹿回家，心里非常着急。它四处寻找，最后发现鹿正陷在网里。乌鸦说："朋友，你怎么会掉进网里？你的朋友豺在哪儿？"

鹿说："兄弟，这就是我不听你的话和豺交朋友的下场。""朋友，你赶快鼓起肚子躺在地上装死，听我大声叫的时候，你立刻爬起来逃走。"乌鸦说完，便飞到一棵树上去。鹿便鼓起肚子躺在地上装死。

护田人走近一看，以为鹿真的死了，便放下木棒，赶快去放网。在护田人收网的时候，乌鸦立刻叫起来。鹿听到乌鸦的叫声，爬起来撒腿就跑。护田人发现鹿跑了，拾起木棒向鹿扔过去，木棒没有打中鹿，正好打着了藏在树丛后面等着吃鹿肉的豺。

这则小故事给了我们一个很深刻的启示——朋友可以交，但切忌滥交。每个人在交友时都有一个选择的过程，刚开始是结识和初交，在交往过程中互相了解以后，才由初交成为熟悉的朋友。朋友可以是暂时的，也可能是永久的，而且交友也有君子之交和小人之交。君子之间的友谊平淡清纯，但真实亲密而能长久。小人的友谊浓烈甜蜜，但虚假多变，经不起时间的考验；君子之交以互相切磋学问、规劝过失为目的，友谊是建立在互相理解、思想一致的基础之上的，故虽平淡如水，但能风雨同舟，生死不渝，而小人之交则是建立在私利的基础上的，平时甜言蜜语，信誓旦旦，一旦面临利害冲突，就会交疏情绝，反目成仇。真正的朋友，未必能跟你共患难，但却绝不会在你落难时踢你一脚，所以我们在选择朋友的时候，一定要擦亮自己的双眼。

在选择朋友时，我们要努力与那些乐观肯定、富于进取心、品格高尚和有才能的人交往，这样才能保证你拥有一个良好的生存环境，获得好的精神食粮以及朋友的真诚帮助。这正是孔子所说的"无友不如己者"的意思。相反，如果你择友不慎，恰恰结交了那些思想消极、品格低下、行为恶劣的人，你会陷入这种恶劣的环境难以自拔，甚至受到"恶友"的连累。

明代苏浚将朋友分为4种："道义相砥，过失相规，畏友也；缓急可共，生死可托，密友也；甘言如饴，游戏征逐，昵友也；利则相攘，患则相倾，贼友也。"因此，交友要选择，多交益友、畏友、密友，不交损友、昵友、贼友。有些人现在可能没有多大的成就，但是他身上具备相当的潜力，将来一旦时机成熟，他一定可以成就一番事业。而且更关键的是，他是真心待你，在你有难时都不会离弃你的朋友。真正的朋友，一般在他的身上都能找到如下3个特征。

1. 正直

正直是一个人最为高尚的品行，正直的人明辨是非、仗义执言、光明磊落，毫无谄媚之色。这样的人可以在你怯懦的时候给你勇气，可以在你犹豫不前的时候让你变得果断，使你有所发展，获得成功。

2. 有能力

与强者做朋友，时间长了，你才会有一个成功者的思维，你才会用一个成功者的思维去思考。

3. 宽容

宽容是一种良好的美德，当我们不小心犯了过错或者对他人造成伤害的时候，过分的苛责和批评，都不如宽容的力量来得恒久。其实，有时候最让我们感动的是一个人在忏悔的时候没有得到他人的怨气反而得到淡淡的包容。宽容的朋友不会使我们堕落或者放纵，而是给我们内心增加一种自省的力量，让我们从他人的内心包容上找到自己的弊病和缺失。

因此，当与一个人交往的时候，要看看他是不是一个正直、宽容、有能力的人。有人说，20多岁的年纪不是用来学习怎么玩的，而是用来学习怎样与人交往的。与好的朋友交往不仅让你生活中增添了许多快乐与自信，更为以后的道路铺开了一条光明的人脉道路。纵然年轻人对交友的需求很强烈，但交友并不是说多多益善，可以广交却绝不能滥交，要有一种明辨是非的判断，在人群之中分清楚，哪些人是值得交的、哪些人是不值得交的。

远离喜欢搬弄是非的人

在我们身边总是会存在一些爱说他人是非的人，也会让你感觉有些身不由己，明明你不想听不想理，却还是禁不住这种人不断地滋扰和纠缠，令你苦不堪言。

每个人可能都有这样的经历：你将一件事口述给了一个人，过不了三五天，会有另外一个人来向你打听这件事，并且他所说的内容，与你当初所说的大相径庭，大部分时候都会夸大你最初的说辞或是事情原本的真相。这就是"人言"的力量，千人千张口，本来一件简单的事，在人与人之间一遍又一遍地口述传递中，不知不觉就能变了味道。有些时候，这种改变是口述者无意识的，还有些时候是被一些热衷于添油加醋的人"精细加工"了的。而这种热衷于添油加醋的人，无疑就是那些喜欢搬弄是非的人。

人人都有好奇心，也自然免不了在好奇心的驱使下，去打听某些事情，特别是别人的隐私或是谈论别人的是非，这无论是在生活中还是在职场里都是不好的。

小妮是个开朗活泼的女孩，喜欢说，也爱笑，刚来办公室的时候，老同事都喜欢跟她打交道，她有什么困难大家都愿意帮她。但不久，同事们开始疏远她，对她也不像以前那么热心了。小妮是聪明的，知道是自己嘴不紧，造成同事们慢慢对自己不信任，可她觉得自己天生爱说话，想控制也难，因为她喜欢与人共享快乐，对一些办公室里的新鲜事，如公司即将争取到一位重要的客户、老板暗地里给谁发了奖金等，知道后她就喜欢拿出来向别人炫耀。她也知道这种习惯不好，但又不知道该怎么办。很多人总觉得只要自己光明磊落，便凡事无不可对人言，但假如对方是个根本不可言尽的人时，你的三分话已经显得太多了。而对于某些处心积虑的人，可能会从你的谈话中片面地窃取某些观点和看法，而后再大肆向众人传播。倘若真是这样的话，对你有什么好处呢？

在职场中，同事之间总会不可避免地出现或明或暗的竞争，追求工作成绩和报酬，希望赢得上司的好感，获得升迁，以及其他种种利害冲突，都是引起竞争的根源。同事之间传播流言蜚语，是带有很大危害性的，它能蒙蔽一些人，导致人们做出错误的判断和决定，甚至会妨碍前途。对于这种职场上的流言蜚语，更应谨慎地对待，不该你知道的事情，就不要乱打听。特别是对于一个男人来说，打听别人的是非，实在不是男子汉应有的作为。

对别人之间的是非恩怨，一定要远远离开。无论对同事还是上司都应做到不蹚浑水，不急于表态。

"不轻露口风"在商场上是极为重要的，提起"精工"手表，可以说无人不知、无人不晓。本田精工差不多独占了日本手表零配件的供应市场，但是本田精工的总经理本田秀在接受采访时，仍是小心翼翼地说："千万别这么讲，干我们这一行，嘴巴守紧一点儿，比什么都重要。"同样，在职场里，"嘴紧"也是你为人能否让人信任的前提。若所说的话题涉及对方本人，但他与你根本就不熟悉，你却硬跟别人说一些纯属私人的事情，就显得唐突冒昧。另外，任何人都有自己不愿让人知道的隐私，因此在谈话时千万不要追根问底、探听别人的隐私，这是为人处世最忌讳的事。虽说好奇心人皆有之，但最好还是将你的好奇心放一放。要知道，"嘴紧"往往是一个职场新人在公司建立自己信用，被同事接纳和认可的前提。如果你的上司和同事一旦把你当作"口风不紧"的人，那也就说明你的信誉已经荡然无存。所以，在职场上，一定要养成"嘴紧"的习惯。

当然，年轻人也应该知道，即使自我要求严谨，在生活中和职场上也总是难免会遇到一些爱搬弄是非之人，对于这些人，你可以运用如下的方法予以应对。

1. 拒绝同流合污

与不同类型的人交往要有不同的方式。与比自己强的人交往，需要诚恳、虚心；与不如自己的人交往，需要谦和、平等。而和那些搬弄是非的人交往，则需要正直、坦荡。拒绝答应对朋友或是同事间的闲言碎语或流言蜚语保密，有问题就摆在桌面上，以便大家共同解决。

2. 冷淡回应对方

有些喜欢搬弄是非的人是为了享受别人或惊愕或愤怒的情绪变化，所以有时候，你听到关于自己的是非后感到愤慨，你必须努力控制自己的情绪，保持头脑冷静、清醒。你可以这样回答："啊，是吗？人家有表示不满、发表意见的权利嘛。"或者说："谢谢你告诉我这个消息，请放心，我不会在意的。"如此会令对方感觉不到搬弄是非后的快感，让对方觉得无空子可钻毫无乐趣，那么他以后自然也不会对你纠缠不休了。

3. 保持一定距离

有些人搬弄是非的恶习已成为一种习惯，对于这样的人，你就不要理睬。令他远离你的办法，是对任何传闻反应冷淡，置之不理，不做回应。

曾经批评过你的人，更值得去结识

一个人结交的朋友不可能是同一类型的，有温和稳重的、豪爽豁达的、机智潇洒的，也不排除有轻浮虚伪的、刻薄势利的。有的人总是每天说好话给你听，有的则是看到你不对就批评、指责你。结交朋友是一件非常重要的事情，交到益友，终身得益；交到损友，终身受损。每个人每天都会遇到各种各样的人，他们的品行、行为方式、观念也都不尽相同，但是不论如何，有一种朋友肯定是值得交往的，那就是会批评、指责你的朋友。

孔子在《论语·季氏篇》中曾经把"益友"与"损友"进行了清楚的划分，"益者三友，损者三友。友直、友谅、友多闻，益矣。友便辟、友善柔、友便佞，损矣"。佛经里也说：朋友有四品——花、秤、山、地。有些朋友待你如花，当你盛开的时候就溜须拍马、刻意谄媚逢迎，当你凋零的时候就与你背道而驰、分崩离析；有些朋友如秤，如果你比他重，他就卑躬屈膝，如果你比他轻，他就趾高气扬；有些朋友如山，心胸广阔海纳百川；还有些朋友如地，厚德载物而毫无怨言。真正的朋友，能在你高兴的时候真心分享你的快乐，在你难过的时候感同身受，在你困苦的时候及时伸出援手，当你犯了错误的时候敢于毫不留情地指出。

人往往喜欢和喜欢自己、赞美自己的人结交，而一旦被朋友指出自己的问题缺点，就有种"有损面子"的羞愧感，甚至有的人还会立即和朋友翻脸。但当冷静下来的时候，却发现，朋友所说的话确实有一定的道理。正所谓当局者迷，旁观者清，能够在你身边扶持你、发现你的问题并及时指点迷津的人，才是真正的朋友。即使有的时候言语犀利，但心往往是善的，是为你着想、为你好的。面对朋友的批评指正时，我们要有这种清醒的判断力。

佩利在哈佛上学时，同伴们既喜欢他，又讨厌他。佩利天赋极高，但整天无所事事，花钱大手大脚，像个浪荡公子。一天早上，他的一位朋友来到他床前说："佩利，我一宿没睡，一直在想你的问题。你真是个大傻瓜！你家里那么穷，怎么承受得起你这么胡闹？我要告诉你，你很聪明，是可以有所作为的！我为你的愚蠢痛心，我要严肃警告你，如果你再执迷不悟、胡闹偷懒下去，我就跟你断绝来往！"佩利大为震动，从那一刻起，他变了。他为自己的生活制订了全新的计划，勤奋努力、坚持不懈地学习。年终，他成了甲等生。后来，他成为作家、神学家。

如果没有朋友当初的话，佩利的人生可能终将在浑浑噩噩中度过。每个人都喜欢听好听的话，但正所谓忠言逆耳，有些实话往往不是那么好听。我们要有坦然接受批评甚至是"挖苦"言辞的胸襟，要有冷静清醒的头脑，分析这些话是不是有一定的道理。

要知道，朋友总是细心地关注着我们的每一个兴趣爱好，无时无刻不在为我们服务，他们会抓住每一个机会赞扬我们的优点，无私地支持我们。在我们不在的场合，他们会毫不犹豫地代表和维护我们的利益，他们会帮助我们克服自身的缺陷与不足，在听到有可能伤害我们的流言蜚语或无耻谎言时，他们会果断地予以制止和反驳。他们还会努力地扭转他人对我们的消极印象，给我们公正的评价，并想方设法地消除由于某些误解，或者是由于我们在某些场合恶劣的第一印象而导致的偏见。朋友是深刻了解自己的人，是"有一说一、毫不见外"的人，是真正为你着想的人，如果朋友之间说话还需婉转迂回的话，那就不是真正的朋友。

和只会说好话的朋友比起来，只知道批评、指责你的朋友无疑是会令你讨厌的，因为他说的都是你不喜欢听的话，你自认为得意的事向他说，他偏偏泼你冷水，你满腹的理想、计划对他说，他却毫不留情地指出其中的问题，有时甚至不分青红皂白地就把你做人做事的缺点数落一顿……反正，从他嘴里听不到一句好话，这种人不让人讨厌也的确很难。但如果你就此放弃的话，那么就是你的损失，因为这些能直言不讳地泼你冷水、批评指正你的人，往往是真正为你着想的正直的人。

　　在这个社会上行事，久而久之，人都会变得小心谨慎，尽量不得罪人，因此大多数人都是宁可说好听的话让人高兴，也不说难听的话让人讨厌。说好话的人不一定都是别有用心的人，但他一定是对你有所保留的人。因为人无完人，每个人身上都有缺点和不完美之处，而这些说好话的人很明显是对你身上的瑕疵视而不见的，这显然不利于你发现自己的缺点并及时修正的。身为朋友，就有责任指出对方身上的问题，倘若终日只拣好听的话说，那么就失去了做朋友的义务，如果还进一步"赞扬"你的缺点的话，那么则更是别有用心了。这种朋友就算不害你，对你也没有任何好处，所以大可不必浪费时间和这样的人交往。

　　相对来说，那些总是说实话的人就要真实得多，这种人绝对无求于你，出发点也绝对是为了你好。如果你还是对此表示怀疑的话，可以想想自己的父母，是不是当看见你出现问题的时候，就会立即声色俱厉毫不留情地指出呢？为人父母，总是爱之深、责之切，其实真正的朋友也是如此，因为真的关心你、爱护你、希望你好，所以眼里才揉不得一粒沙子，容不得你的缺点，才会直截了当地把它们指出来。因此，年轻人要牢记，只有那些经常批评、指责你的人才是你人生的导师，才是助你走向成功之路的关键之士。

让世界充满恶意的人，请走远不送

俗话说，害人之心不可有，防人之心不可无。对于一些忽然出现并且对你特别好的朋友，最好是提起戒心，特别是他只对你一个人特别好，就更要警惕。对于这种人，最好敬而远之。

可见，我们在交友时要有一定的识别能力。和一个人交往时要判断对方和你交往的动机是什么，是看重你的人还是别的。要知道哪些人不可交，关键是要在生活中分清一些人的行为，对其行为要有比较理性的判断，如此你便会交上真正的朋友。

再有，朋友之间最好也保持一定的距离。距离是人际关系的自然属性，有着亲密关系的两个朋友也毫不例外，成为好朋友，只说明你们在某些方面具有共同的目标、爱好或见解以及心灵的沟通，但并不能说明你们之间是毫无间隙、可以融为一体的。任何事物都有着其独特的个性，事物的共性存在于个性之中。共性是友谊的连接带和润滑剂，而个性和距离则是友谊相吸引并永久保持其生命力的根本所在。太近的距离，不利于保持长久稳定的关系。

蕨菜和离它不远的一朵无名小花是好朋友。每天天一亮，蕨菜和无名小花都扯着嗓子互致问候。日子久了，两人都把对方当成自己最知心的朋友。同时，它俩发现，由于相距较远，每天扯着嗓子说话很不方便，便决定互相向对方靠拢，它们认为彼此之间距离越近，就越容易交流，感情也越容易加深。

于是，蕨菜拼命地扩散自己的枝叶，它蓬勃地生长，舒展的枝叶像一柄大伞一样，无名小花则尽量向蕨菜的方向倾斜自己的茎枝，它俩的距离越来越近了。出乎意料的是，由于蕨菜的枝叶像一柄张开的大伞，它不仅遮住了无名小花的阳光，也挡住了它的雨露。失去阳光和雨露滋润的无名小花日渐枯萎，它在伤心之余，不再与蕨菜共叙友情，相反还认为是蕨菜动机不良，故意谋害自己，便在心里痛恨起蕨菜来。而蕨菜则由于枝叶过于茂盛，在一次狂风暴雨之后，它的枝叶被折断得所剩无几，身子光秃秃的。看着遍体鳞伤的自己，蕨菜把这一切后果都归咎于无名小花，如果没有无名小花，它也绝不会恣意让自己的枝叶疯长的。最后，一对好朋友便反目成仇了。

拼命靠近最后落得个两败俱伤，生活中亲密的朋友反目成仇的例子也不少见。可见距离在友谊的长久维持中起着多么重要的作用，好朋友固然要做到知无不言坦诚相对，但适当地保持一定的距离也是必需的。每个人在一定程度上都是自我的，需要有自我空间，这种距离既能给自己留有回旋的余地，也是尊重朋友的自我空间。

总而言之，我们对待朋友要发乎心、止乎礼，真诚待人、适当保留个人空间，是择友和交友中必须时刻铭记的原则。而警惕身边的人，与真诚待人并不矛盾。结交朋友不是一件简单的事，慎重选择、适当警惕是一种自我负责的行为，如果一时不慎结交了坏朋友而造成终身遗憾，那就真的是得不偿失了。

你想成为什么样的人，就跟随什么样的人

选择一个良好的环境，能够改变我们的思维与行为习惯，直接影响我们的工作与生活。同理，朋友也可以影响我们，如果我们经常与优秀的人交往，自己也会向好的方向发展，反之亦然。

生活中，我们都会在不经意间受环境的一些潜移默化的影响，从而不知不觉地改变自己的品行。正如西晋思想家傅玄所说："近朱者赤，近墨者黑。"

欧阳修是北宋时期著名的文学家、史学家和政治家。他在文学上取得了卓越的成就，创作了大量优秀的散文和诗词。尤其是他的散文，简

洁流畅，丰富生动，富于感染力。他还为当时的文坛培养了一批人才，像苏洵、苏轼、苏辙、曾巩、王安石（他们都是唐宋散文八大家之一）等，都出自他门下。

欧阳修在颍州府（今安徽省阜阳市）为官的时候，有位名叫吕公著的年轻人在他手下当差。有一次，欧阳修的朋友范仲淹路过颍州，顺便拜访欧阳修。欧阳修热情招待，并请吕公著作陪叙话。谈话间，范仲淹对吕公著说："近朱者赤，近墨者黑。你在欧阳修身边做事，真是太好了，应当多向他请教作文写诗的技巧。"吕公著点头称是。后来，在欧阳修的言传身教下，吕公著的写作能力提高得很快。

《论语·里仁》云："见贤思齐焉。"如果一个人周围都是一些道德高尚的人，那么这个人也会通过努力去赶超他们，正如上述的例子。同样，如果一个人总是与一些道德素质低的人交往，久而久之，他的品性就会变得恶劣。

年轻的寿险推销员杰克来自蓝领家庭，他平时也没什么朋友。华特是一位很优秀的保险顾问，而且有许多赚钱的商业渠道。他生长在富裕家庭，他的同学和朋友都是学有所长的社会精英。杰克与华特的世界根本就是天上地下，所以在保险业绩上也有着天壤之别。杰克没有人际网络，也不知道该如何建立人际关系，不知道如何与来自不同背景的人打交道，而且少有人缘。一个偶然的机会，杰克参加了开拓人际关系的课程训练，杰克受课程启发，开始有意识地和在保险领域颇有建树的华特联系，并且和华特建立了良好的私人关系，他通过华特认识了很多的人，事业上的局面自然也就打开了。

杰克的成功得益于他的朋友华特和其人际关系。所以，和什么样的人在一起，自己的未来或许就是什么样子。与强者交朋友，自己往往会变得更强；和一无是处的人做朋友，自己则可能会变得更加颓废，更加一无是处。

因此，你想做什么样的人，就要向什么样的人靠拢。你想成为一个成功者，就要努力和成功者在一起。与成功者为伍，有助于在我们身边形成一个"成功"的氛围。在这个氛围中，我们可以向身边的成功人士学习正确的思维方法，感受他们的热情，了解并掌握他们处理问题的方法。

有时决定一个人身份和地位的并不完全是他的才能和价值，而是看他与什么样的人在一起。所以，如果你想取得成功，就必须和成功人士在一起。

不和"低配"的人做朋友

在选择朋友时，年轻人必须确立这样一条基本原则，那就是尽可能地选择那些比你优秀、在各方面领先你一步的人做朋友。

当然，我们要努力和那些自己所仰慕和推崇的人交往，并不意味着要结交那些更加富有的人，而是要结交那些有着较高的文化素养、受过良好的教育，并且有着更广泛的信息来源的人。

只有和这样的人交往，你才能尽可能多地吸取有助于你成长和发展的养料。而且在与他们接触的过程中，你也会逐渐提升自己，追求更远大的目标，并付出更大的努力，以便有朝一日自己也能够成为一个优秀的人。

美国有一位名叫阿瑟·华卡的农家少年，在杂志上读了某些大实业家的故事后，很想知道得更详细些，并希望得到他们对后来者的忠告。

有一天，他跑到纽约，也不管几点开始办公，早上 7 点就到了实业家亚斯达的事务所。

在第二间房子里，华卡立刻认出了面前那位体格结实、长着一对浓眉的人，正是他要找的人。高个子的亚斯达刚开始觉得这少年有点讨厌，然而一听少年问他："我很想知道，怎样才能赚得百万美元？"他便表情柔和并微笑起来，他们竟谈了一个钟头。随后亚斯达还告诉他其他实业界的名人。

华卡照着亚斯达的指示，访遍了一流的商人、总编辑及银行家。

在赚钱这方面，他所得到的忠告并不见得对他有多大的帮助，但是能得到成功者的知遇，给了他自信。他开始仿效他们成功的做法。

两年之后，华卡成为他曾是学徒的那家工厂的所有者。24岁时，他成了一家农业机械厂的总经理。不到5年，他就如愿以偿地拥有了百万美元的财富。

华卡在活跃于实业界的67年中，实践着他年轻时来纽约学到的基本信条，即多与有益的人结交，多会见成功立业的前辈。而他的成功也正是因为他主动结交优秀的人，从他们那里得到了不少信心以及各种资源。

要与伟大的朋友缔结友情，跟第一次就想赚100万美元一样，是相当困难的事。原因并不在于伟人们的超群拔萃，而在于你自己容易忐忑不安。

不少人总是乐于与比自己差的人交往，这有一些自我安慰的作用，因为这样会使自己在与友人交际时产生优越感。

我们可以从不如我们的朋友中得到慰藉，但也必须从优秀的朋友那里得到刺激，以增加勇气和动力。

总之，综观那些事业成功的人，大多数有赖于比自己优秀的朋友，不断地促使自己力争上游。如果你也想获得成功，一定要主动去结交那些比你优秀的人。

第七章

不想对这个世界投降，
就要强大到锐不可当

敏于心，钝于外

"钝感力"是日本著名作家渡边淳一《钝感力》中的首创词。按照渡边淳一的解释，"钝感力"可直译为"迟钝的力量"，即从容面对生活中的挫折和伤痛，执着地朝着自己的方向前进，它是获取美好生活的重要手段和智慧。钝感不代表迟钝，它强调的是对周遭事务不过度敏感，沉住气，不骄不躁，集中力量，专注于目标的生存智慧。

钝感力是立身处世不可或缺的品质。通过对许多企业的研究发现，企业中最优秀的员工往往不是最聪明的，也不一定是最能干的，但他们都有一个共同点：他们能够以最合适的状态及心境应对一切变化。很多时候，他们是同事眼中冥顽不化的愚笨者，是别人眼中反应迟钝的平庸者，但经过许多次的考验之后，这些"迟钝者"却往往以其坚韧不拔的精神最终获得管理者的赏识，成功实现晋升的梦想。

某集团是所在行业的知名企业，在声名远播的同时，集团面临的内外压力也与日俱增：一方面竞争对手步步紧逼，不断抢占市场份额；另一方面，集团内部营销体系及相应的制度都有些混乱，区域市场的管理出现许多漏洞。

张智与刘明都是集团刚引入的两名高级营销人才，出任公司的营销部经理，分管不同的市场，共同向总经理及董事会汇报。

从工作背景来看，两个人不分伯仲：毕业于名牌大学，都曾任职于著名外企，具有较强的实力和丰富的经验，并且干劲十足。

在正式接管之后，两个人做的第一件事就是对自己所负责的区域进行大刀阔斧的改革，并引入外资公司一套成熟的制度进行实践。虽然职业背景非常相似，但张智与刘明两人的工作风格却大相径庭。

张智做事雷厉风行，并且说话直言不讳。他的洞察力与市场判断力让许多下属颇为佩服。而刘明却很像职场版的"许三多"，憨笑随和，性格不温不火，做事从不急进。许多人都认为张智将会比刘明更能做出成绩。

由于张智与刘明对区域市场进行了改革，触及了公司中诸多人的利益。在他们上任几个月后，一些员工产生抵触情绪，所以各种各样的非议纷至沓来，不断有人写匿名信编造各种借口举报他们，张智与刘明都面临着巨大压力。

张智的性格急躁，对于这些无中生有的指责表现激烈，同时对于公司管理层的询问又表现出极大的反感，认为领导层应该给自己充分的信任与支持，而不能以这些莫须有的指责扰乱自己的情绪。为了实现既定目标，张智不断向区域经理下达死命令，不断地开会督促。一旦某一项任务没有完成，张智会怒发冲冠，并施以重罚，警告团队必须如期完成。张智的情绪化表现非常明显。他心情好时可以与团队成员打成一片，但当他情绪低落时，他整天阴沉不语，经常为一点小事发怒训人，让下属根本不敢与他沟通。

刘明则表现得平静得多，虽然也肩负重担，但他有条不紊。无论是任务布置还是工作推进，无论是取得成绩还是遇到障碍，他都能够心平气和地与团队共同研讨对策。

而对于各种各样的非议与批评，刘明充耳不闻，依然淡定自如，他似乎并不太在意别人的闲言碎语，只是一心走自己的路。

更令下属感激的是，由于某区域经理的失误，导致业绩下滑，整个团队受到董事会严厉批评之时，刘明却一个人扛住压力，耐心向董事会解释其中原因，并阐述接下来的应对措施以及未来的发展前景，从而取得了谅解。

一年半过去了，张智与刘明都以各自的方式顺利完成了向董事会承诺的目标。公司管理层决定提拔两个人中的一个出任营销总经理，在经过多方面的考察，多数员工支持刘明，原因很简单，虽然张智的才干让人佩服，但刘明的"钝"让人更有持久的信心。而总经理的评价则是：张智是个将才，但刘明是帅才。

"敏于心，钝于外"，这就是我们所期望的稳健型领导者，这就是大智若愚的智者。故事中刘明的"钝"就是大智若愚的体现，相比张智的才干，刘明更符合领导稳健的特质。如果说敏感力是一种外在的洞察力，那么钝感力则是一种内在的坚持力。相对于洞察力，坚持力是一种更持久的耐力与爆发力。

现代社会的竞争越来越激烈，在这场没有硝烟的战争中，人与人之间的"斗争"在所难免，优胜劣汰成为常态。保持一定的敏感度是必要的，但更为重要的是沉得住气，排除一切干扰，为成功而坚持不懈地努力。正是这种貌似"迟钝"的顽强意志使我们突破重重障碍，步步向前——而这就是钝感的力量所在！

在职场之中，如若我们能多一些"钝感"，少一些"敏感"，为梦想穿上"钝感"的战衣，将使我们减少许多的杂念、忧愁、纷争，以便我们更好地将精力投入工作中，创造出更优秀的业绩。

不是做什么有前途，是怎么做才有前途

很多人可能都有这样的经历，因为辛劳工作却得不到相应的酬劳，因为努力做出的成绩没有得到老板的重视而牢骚满腹。我们会有这样的抱怨，是因为我们没有搞清楚自己在为谁工作。

正如一位哲人所说："工作中收获最大的就是自己。"对于搞不清为谁而工作的人来说，为公司干活，只是得到一份报酬的等价交换，仅此而已。他们看不到工资以外的东西，曾经在校园中编织的美丽梦想也逐渐破灭了。没有了信心，没有了热情，工作时缺少了激情，每天只是忙忙碌碌机械地工作。

不可否认，在一个单位或组织中，会存在着这样或那样不尽如人意的地方，付给员工的薪水或其他奖励也有不公允之处，这是难免的。但薪水并非是工作的全部酬劳，你也并非只是为了薪水而工作。如果一个人努力干一件事情是为了获得回报，或某种私利，这充其量只能算是"伪装"，那他的勤劳也就变得十分廉价，得不到自己所期望的成绩。

　　有的人一提到敬业就立刻"条件反射"到企业为他提供的福利待遇，他们以"拿一分钱报酬干一分钱工作"的理论为自己工作的平庸和失误进行开脱；有的人经常有意夸大自己的劳动和价值，一旦工作有了一点点成绩便开始向领导邀功，甚至居功自傲。在这些人眼里，工作是为他人而做，努力的价值也已经变了味。

　　在一处建筑工地上，工人们正在勤劳地工作着。

　　一个路人经过此地，好奇地问第一位工人："请问您在做什么？"

　　工人没好气地回答："在做什么，你没看到吗？我正在用这个重得要命的铁锤，来敲碎这些该死的石头。而这些石头又特别硬，害得我的手酸麻不已，这真不是人干的活儿。"

　　他又问第二位工人："请问您在做什么？"

　　第二位工人无奈地答道："为了每月 500 美元的工资，我才会做这件工作，若不是为了一家人的温饱，谁愿意干这份敲石头的粗活儿？"

　　路人问第三位工人："请问您在做什么？"

　　第三位工人眼中闪烁着喜悦的光芒："我正参与兴建一座雄伟华丽的大教堂。落成之后，这里会有许多人来参观。虽然敲石头的工作并不轻松，但当我想到将来会有无数的人来到这儿，在这里接受上帝的爱，心中就会激动不已，也就不感到劳累了。"

　　同样的工作，却有如此截然不同的态度。

　　第一个工人，对自己的工作没有任何的热情，甚至没有找到一个将其做好的理由，在不久的将来，他可能不会得到任何工作的眷顾，甚至可能是生活的弃儿。这样的人做不成任何事情。

　　第二个工人，没有责任感和荣誉感。他抱着为薪水而工作的态度，为了工作而工作。他不是可信赖、可委以重任的员工，必定得不到升迁和加薪的机会。而且由于他的生活需求没有得到最大限度的满足，或多或少的，他失去了部分的生活乐趣。

　　第三个工人，充分享受着工作的乐趣和荣誉，同时，因为他的努力，工作也带给了他足够的尊严和实现自我的满足感。他真正体味到了工作的乐趣、生命的乐趣，他才是最优秀的员工，才是社会最需要的人。

　　这三个工人，其实代表了我们工作的三种态度。我们究竟为谁而工作？第一种是茫然无目的的；第二种是找错工作方向的；第三种则是真正认识到工作的意义，得到工作乐趣的。三种不同的工作态度，决定了勤奋所能达到的深义。

　　但是世界上大多数人都低着头为了薪水匆匆忙忙工作，在琐碎的事情中消磨了生命，在许多人看来，工作只是一种简单的雇佣关系，做多做少、做好做坏对自己意义并不大。这种想法是完全错误的。他们没有认识到工作其实是为了自己。洛克菲勒说过："我们努力工作的最高报酬，不在于我们所获得的，而在于我们会因此成为什么。"也就是说，努力工作表面上看起来是有益于公司、有益于老板的，但最终的受益者却是自己。

　　如果你能为自己而工作，你就超越了芸芸众生，迈出了成功的第一步。工作所给予你的，要比你为它付出的更多。公司支付给你的工作报酬固然是金钱，但你在工作中给予自己的报酬则是珍贵的经验、良好的训练、才能的表现和品格的历练。这些东西与金钱相比，其价值要高出千万倍。

　　工作是你提升自己、成就自己的舞台，你的表演越出色，鲜花和掌声就越多。无论你在生活中处于什么样的位置，无论你从事什么样的职业，你都不该把自己当成一个为别人而工作的人。生活中那些成功的人从不这样想，他们往往把整个企业当作自己的。

成功者把工作看成一个实现抱负的平台，他们已经把自己的工作和公司的发展融为一体了。从某种意义上说，他们和老板的关系更像是同一个战壕里的战友，而不仅仅是一种上下级的关系。对于成功者来说，无论他们从事什么样的工作，他们都是在为自己而勤劳奋斗。在他们的眼中，他们是公司的主人。

人生分为两个阶段，前一阶段就是用金钱买智慧，后一阶段是用智慧换取金钱。工欲善其事，必先利其器。我们每一个人都要为自己而工作，利用一切工作机会来完善自己，提高自己。如果一个人对自己所负责的任何工作，事无巨细，都能够尽力而为，都能做到问心无愧，并时刻想着怎样更多而不是更少地回报自己的老板，那么就不会永远在原地打转，而是不断提升自己。如果你做的是价值25元的工作，却只得到5元的报酬，那又有什么关系呢？这是你的潜在价值的最佳广告。而劣质的工作态度、半生不熟的工作成果，即使再勤奋的工作，也会迅速地毁掉你。真正能够让你获得成功的方法，不是让自己被动地为他人和薪水而工作，而是把自己当作工作的主人，为自己而工作。

先让付出超过回报，回报自然超过付出

著名成功学家拿破仑·希尔有一句话："提供超出你所得酬劳的服务，很快，酬劳就将反超你所提供的服务。"好好奋斗，当你愿意从事超过你的报酬的工作时，你的行动将会促使你获得良好的声誉，将增加人们对你的信任和青睐。

在微软公司，有这样一种现象：一个软件工程师的薪水居然比副总裁还高，这是其他公司没有的。

在微软做了 12 年的非常优秀的软件工程师鲍勃，他的工资比微软当时许多副总裁的工资高。因为鲍勃能力突出，公司本来想让他当领导，但是鲍勃拒绝了。别人问他原因，他说："第一，我对管理没有兴趣，我管不好人；第二，我就想把我的所有时间都花在技术上。"按照我们的传统观念，一个人不做管理，就只能算一个兵，不是将，兵的薪水肯定比不上将的薪水，但是，微软公司的价值观是"看贡献，不看职位""看价值，不看职位"。因此，微软每年都会在它的 5 万名员工中评出 30 ~ 40 个杰出贡献者。

鲍勃之所以能从一个普通的打工者，成为年薪上亿美元的成功者，是因为他始终抱着这样的信念："只能在业绩上提升自己。要使自己工作所产生的价值远远超过所得的薪水，只有这样才能得到重用，才能获得机遇！"

通过这个事例，我们得出一个结论：无论是生产车间里的普通工人，还是活跃在市场第一线的销售人员，或者是一名总经理，他们都是凭借自己的价值来获得报酬的。能为公司创造更多价值的人，得到的报酬才会更多。

中国有句古话叫"无功不受禄"，为企业创造价值你才能有资格接受公司给予你的回报，倘若你碌碌无为或者业绩甚微，你又凭什么苛求企业给你高薪呢？

企业的正常运转是建立在每一名员工都能担负应有的责任，创造相应的价值的基础之上的，作为一个高素质、有觉悟的员工，应该沉住气，用切实的业绩积累自己生存发展的资本。这样，你创造的价值多了，老板自然会付给你更多的报酬。

一家小公司招聘业务人员，在前来求职的人中有一位资历很高，对于这个公司来说，有点"小庙容不了大和尚"，因此公司老总与他面谈时，很诚实地对他说："依据公司规定，目前给不出太高的薪水。"老总的意思是不想浪费彼此的时间，没想到他竟然接受了公司给出的条件，其实这个公司给的工资只有他原来薪水的三分之一，这让公司感到很奇怪。

上班后，他从来都是准时上班，勤跑客户。不久后，他的"功力"便显现出来，业绩远远超出老总的预期，为公司创造了很多利润。

于是老总对他破格晋升，而且大幅度地加薪。在庆功宴上，他道出了原委。原来，之前他在原单位已做到主管，工作很顺手，薪水也很丰厚，可是没想到公司的一次海外投资失败，老板远逃国外，他只得另找出路。

在找工作期间，他碰了好几次壁，也曾经因为薪水无法与自己所要求的相符而痛苦，总认为自己怀才不遇，老板不识才。但突然有一天，他想到一句话："价格是别人给的，随时可以拿走；价值却是自己创造的，任谁也无法带走。"在这句话的激励下，他选择了重新出发。

"价格由老板决定，价值由自己创造"这句话让人受益匪浅，他也用实际行动证明了自己的价值。

其实，一个人的价值是靠自己创造的。一个人能否创造出价值，创造多少价值，其实老板心中是有数的。老板根本不怕你拿高薪，关键是你能否把自己的工作做得富有成效，为公司创造更大的价值。

加薪是职场中所有上班族的希望，老板们想提高利润，你也想增加薪水，可一切都从何而来？天上是不会掉馅饼的，薪水的增加要靠工作来实现，因此，与其整天抱怨，不如立足行动，先让付出超过回报，再求回报超过付出，这样生活还能少些失意、多些快乐和踏实，何乐而不为呢？

那些在职场中笑傲江湖的人究竟有什么不一样

对于公司来说老板要培养一名干部，肯定要让他先到基层去了解一下情况，再到各个部门去熟悉公司所有的流程，顺便考察一下他对公司的忠诚度，最后才决定予以重任。有些人不明白这一点，以为自己得罪了人，或是老板有意给自己穿小鞋，吃不了苦，受不了"折腾"，不专心工作，甚至直接卷铺盖走人了，令人不禁为之扼腕长叹！许多企业的老板都羡慕联想的柳传志，说他有两个好的接班人：杨元庆和郭为。可谁又能想到，柳传志为了培养这两名接班人，把他们"折腾"成了什么样子。

在联想，杨元庆和郭为可谓被老板"折腾"的典型代表。据说，他俩是一年一个新岗位，"折腾"了十几年，换了无数个岗位，把公司的每个部门、每个流程都熟悉透了，这才成了联想的"全才"。可喜的是，他们都经受住了考验，出色地完成了任务，同时交了一份关于忠诚的满分卷子！柳传志也因此有了一个心得："'折腾'是检验人才的唯一标准！"

"折腾"员工其实是对员工的一种培训，能够被老板"折腾"又何尝不是员工的一种幸运呢？老板愿意"折腾"你，有"折腾"你的计划，说明你已经被老板看中了，可能成为重点培养的对象。你不但不应记恨，反而应该利用这绝好的机会，在新的岗位上尽快进入工作状态，熟悉工作内容和流程，随时做好接受"折腾"的准备，经受住老板对你的考验。

压力降临到我们身上是因为我们要接受考验，因为我们具有发展的潜力，因为所有成长的机会都蕴藏在压力之中。挑战与机遇总是并存的，压力与希望总会相伴而行，只要我们还有机会，还有希望，挑战和压力就会来临。压力不会降临到万念俱灰、不思进取的人身上，因为他们不会感到压力的存在；压力也不会为难了无生机、走向穷途末路的公司，因为对它们施压已经没有任何意义了。我们不能逃避压力，因为我们不能放弃自己，不能放弃每一个发展自我的机会，我们需要从压力中获得前进的动力。上级领导因为看重员工的潜力才对之不断施加压力，希望他能够在压力下快速成长。而员工也应当明白上司的苦心，化压力为动力，把危机感当成个人成长的信号。

查理到某大公司应聘部门经理，老板提出要有一个考察期。但没想到，他上班后被安排到基层商店去站柜台，做销售代表的工作。一开始，查理无法接受，但还是耐着性子坚持了三个月。后来，他认识到，自己对这个行业不熟悉，对这个公司也不十分了解。的确需要从基层工作做起，才可能全面了解公司、熟悉业务，何况自己拿的还是部门经理的工资呢。

虽然实际情况与自己最初的预期有很大的差距，但是查理懂得这是老板对自己的考验。他坚持下来了，三个月后，他全面承担起部门经理的职责，并且充分利用三个月基层的工作经验，带领团队取得了良好的业绩。半年后，公司经理调走了，他得以提升；一年以后，公司总裁另有任命，他被提升为总裁。在谈起往事时，他颇有感慨地说："当时忍辱负重地工作，心中有很多怨言。但是我知道老板是在考验我的忠诚度，于是坚持了下来，最终赢得了老板的信任。"

在企业中，当你发现一些人宛如"黑马"杀出，从一个很平凡的岗位突然提升到很重要的岗位时，千万不要感到震惊。你不妨静下心来想一想：他在那个看似平凡的岗位上做了些什么？老板是不是经常把他放到基层去"折腾"？如果是的话，那么这种突然的提升便不是什么奇怪的事了。关键是你不要老盯着别人看，而要多想想你跟他的差距在哪里、你是否也面临过类似的机遇呢？如果下一次你也有机会被"折腾"，你又该怎么做呢？甚至可以这么说，你现在所做的工作是否也是一种"折腾"呢？只有把每一次工作机会都当成一次考验，投入十分的热情，拥有绝对的忠诚，你才可能把每一份工作做好，从而得到别人的赏识。俗话说得好："机会只青睐有准备的人。"对于随时为这个"折腾"做好准备的人来说，老板又何尝不想给他一个机会呢？

怀才不遇，先检讨自己

如今，"怀才不遇"成了很多人为自己没有获得成功找的借口。他们普遍牢骚满腹，喜欢批评他人，有时也会显出一副抑郁不得志的样子。当然，这类人中有的的确是怀才不遇，由于客观环境无法与之适应，"虎落平阳被犬欺，龙困浅滩遭虾戏"。但为了生活，他们又不得不委屈自己，所以生活得十分痛苦。

这可能是时代造成的，但是现在是一个充满了机遇的时代，尽管有时出现千里马无缘遇伯乐的情况，但如果你真是一匹千里马，一次错过伯乐，应该还有第二次、第三次……很多人之所以与伯乐无缘，大多是自己造成的。

有些人确实有才，但他们常自视清高，看不起那些能力和学历比较低的人，可如今的社会并不是你有才气，就能成才。在职场中，如果你不适度收敛自己，生怕别人不知道你的才干，胡乱批评，乱说一气，那你最后的结局就是，慢慢变成了一位"怀才不遇"者。

还有一种怀才不遇者，他们本身无能，别人当然无法重用他们，这可不是嫉妒他们。但他们并没有认识到自己没用，反倒认为自己怀才不遇，没人识才，于是到处发牢骚，吐苦水。不管是有才还是无才，怀才不遇者都是一种悲哀。怀才不遇，首先要检讨自己。

实际上，生活的基本原则都包含在最普通的日常生活经验中，同样，真正的机会也经常藏在生活琐事中。问问你所遇见的任何 10 个人，为什么不能在他们所从事的行业中获得更大的成就，当中至少有 9 个人会告诉你，他们并未获得好机会。但事实上，不是没有好机会，只是他们没抓住。机遇往往藏身于细节之中，我们不能忽视任何一个细节。

当你开始有怀才不遇的抱怨时，要先从自身找原因。不妨看看下面几条建议。

1. 请别人客观地评价自己

人应该有自我评价的能力，如果你怕自己评价自己不太客观，可以找个朋友或较熟的同事帮助你一起分析，如果别人的评价比你自我评价的结果要低，那你就要虚心接受。有些情况下，别人可能对我们了解得更准确、更深刻，那何不接受他人的评价？

2. 检查一下自己的能力为何无法施展

自己的才能无法施展，是一时找不到合适的机会，还是受大环境的限制，还是人为的阻碍？如果是机会的原因，那就继续等待机会；如果是大环境的缘故，那就离开这一环境；如果是人为因素导致你无法施展自己的能力，你可与人诚恳沟通，并想想是否有得罪他人之处。

3. 亮出自己的其他专长

如果你有第二专长，可以要求他人给个机会试试，说不定又为你开辟了一条生路。

4. 营造和谐的人际关系

不要成为别人躲避的对象，应该以你的才干主动协助同事。但要记住，帮助别人不要居功，否则会吓跑你的同事。此外，谦虚待人，广结善缘，将会为你带来意想不到的帮助。

5. 继续强化你的才干

也许你在某一方面有才，但可能由于才气不够，所以没能让人看出来。这种情况下，你就应该更加强化自己这方面的能力，只有当你的能力和展示的时机都已成熟时，你才会发出耀眼的光芒！这样别人自然会看到你。

茫茫大千世界，人类所具有的知识就如沧海一粟，是非常有限的，一个人又能知道多少呢？相对于古往今来的万千社会，个人能力只能是蝼蚁之力。但弱小的蚂蚁却能够依靠团结的力量撼动大树。那是集体的智慧，同时也是外部环境给创造了机会，找到了撬动地球的支点。所以怀才不遇者，只不过是自己把蝼蚁之力当作了撬动世界支点的力量，于是乎目空一切，骄傲自大，总以为全世界都亏欠他的。等在现实面前碰了钉子后，就变得很消极，自己把自己沦落为"怀才不遇者"。

不管怎样，你最好不要成为一位怀才不遇者，勤恳地做好自己的事，即使是大材小用，也比没用要好。从小处开始，你也许有一天能得到大用。

先有危机感，才有存在感

我们经常会感受到工作的压力，我们该如何应对呢？美国鲍尔教授说："人们在感受工作中的压力时，与其试图通过放松的技巧来应付压力，不如激励自己去面对压力。"压力对于每一个人都有一种很特别的感觉。的确，人人都会本能地想摆脱压力，但往往都不能如愿。

一个人的惰性与生存所形成的矛盾会产生压力，一个人的欲望与来自社会各方面的冲突会产生压力。说通俗一些，就是人生的各个阶段都有压力：读书有压力，上班有压力，做老百姓有压力，做领导干部也有压力。总之，压力无处不在！

压力是好事还是坏事？科学家认为，人是需要激情、紧张和压力的。如果没有既甜蜜又有痛苦的冒险滋味的"滋养"，人的机体就无法存在。

适度的压力可以激发人的免疫力，从而延长人的寿命。试验表明，如果将人关进隔离室，即使让他感觉非常舒服，但没有任何情感体验，他很快会发疯。压力带给你的感觉不仅仅是痛苦和沉重，它也能激发你的斗志和内在的激情，使你兴奋，使你的潜能得到开发。

体育比赛的压力是大家都有目共睹的，正是因为压力大，才有了世界纪录的频频被打破。工作业绩的压力也是很大的，然而正是激励的竞争机制才有了飞速发展的企业和层出不穷的人才。

压力不仅能激发斗志，还能创造奇迹。据说有一条非常危险的山路，是当地的人们外出的必经之路，多少年来，从未出过任何事故。原因是每一个经过的人都必须挑着担子才能通行。可是奇怪的是，人们空着手走尚且很危险的一条狭窄的小路，一边是陡峻的山崖，一边是无底的深渊，而挑着担子反而能顺利通过。那是因为挑着担的心不敢有丝毫松懈，全部精力和心思都集中在此，所以，多少年来，这里都是安全的，这正是压力的效应。相反，没有压力的生活会使人生活得没有滋味。

试想，不管你是多么努力，所有的学生都是一样的考分，所有的员工都是一样的工资，那还会有谁愿意继续努力？人人就只会混日子过，变得越来越懒散，激情也消失殆尽。更严重的可能使社会也停滞不前。

但压力又不能太大，大得难以承受，人就会被压垮。

有一个刚毕业的研究生找工作屡屡受挫，始终找不到自己满意的工作。最后一次因面试感觉不好，回到家越想越绝望，结果跳楼自杀了。当录取电话打来时，他已离去很多日子，原因是，他是村里唯一一个硕士，家里人一直对他抱有很大的期望，找不到满意的工作就是对不住父母的养育之恩，所以他无法承受这样的压力，于是选择了永不面对。

压力不能没有，压力又不能过大，而压力又无法摆脱。是的，生活就是这样，充满着矛盾，我们只能去选择适应生活和改变自己。当你没有了激情，懒懒散散，那就给自己加压，定下一个目标，限期完成；当你感到压力使你心身疲惫，都快成机器了，你不妨化压力为奋斗的激情。

一个对自己充满激情的人，无论他目前的境况如何，从事什么工作，他都会认为自己所从事的工作是世界上最神圣、最崇高的职业；无论工作是多么的困难，或是要求多么高，他都会始终一丝不苟、不急不躁地去完成它。

我们每个人都逃脱不了生活的网，不管扮演什么样的社会角色，你都要努力认真地去生活和工作。所以，我们的生命需要热情。

优秀的人有目标，平庸的人只有愿望

人的一生要想走向成功，就要有自己的目标，如果没有目标，便犹如大海上没有舵的帆船或看不到灯塔的航船，就会在暴风雨里茫然不知所措，以致迷失方向。无论怎样奋力航行，终究无法到达彼岸，甚至船破舟沉。

现实生活中有一种人，天资聪慧，后天又接受了良好的家庭熏陶和学校教育，但忙碌一生却一事无成，这样的"怀才不遇"令人困惑。其实他们难以成功的原因也很简单，因为他们没有目标，导致人生的航船迷失了方向，所有的才华也都没有了发挥的地方。

古罗马哲学家塞涅卡有句名言说："如果一个人活着不知道他要驶向哪个码头，那么任何风都不会是顺风。有人活着没有任何目标，他们在世间行走，就像河中的一棵小草，他们不是行走，而是随波逐流。"

在生活的海洋中，要想做一个成功的舵手，首先要确立明确的人生目标。人生没有明确的目标，生活就会盲目，做事就没有方向感，从而敷衍了事，凑合，也就失去责任感。没有目标，英雄便无用武之地。

有一个 25 岁的小伙子，大学期间表现一直非常优秀，成绩优异，又具有很强的组织能力，人际关系也不错，但是大学毕业之后他换了好几份工作，对自己的生活依然很不满意，于是他跑来向管理大师柯维咨询。他期待能找到一份称心如意的工作，改善自己的生活处境。

"那么，你自己到底想做点什么呢？"柯维问这个来咨询的年轻人。

"我也说不太清楚，"年轻人犹豫不决地说，"我还从没有考虑过这个问题。我只知道我的目标不是现在这个样子。"

"那么你的爱好和特长是什么呢？"柯维接着问，"对于你来说，最重要的是什么？""我也不知道，"年轻人回答说，"这一点我也没有仔细考虑过。"

"如果让你选择，你想做什么呢？你真正想做的是什么？"柯维对这个话题穷追不舍。"我真的说不准，"年轻人困惑地说，"我真的不知道我究竟喜欢什么，我从没有仔细考虑过这个问题，我想我确实应该好好考虑考虑了。"

　　"那么，你看看这里吧，"柯维说，"你想离开你现在所在的位置，到其他地方去。但是，你不知道你想去哪里，你不知道你喜欢做什么，也不知道你到底能做什么。如果你真的想做点什么的话，那么，现在你必须拿定主意。"

　　柯维和年轻人一起进行了彻底的分析。柯维对这个年轻人的能力进行了测试，他发现这个年轻人对自己所具备的才能并没有充分的了解。

　　柯维知道，对每一个人来说，才能是不可缺少的，但更重要的是施展才能的空间，然而只有明确了奋斗目标，才知道自己要朝哪个方向努力。

　　接下来，柯维帮助这个年轻人认真分析了他的优势和缺点，然后启迪他去发现自己的人生理想，并帮他制订了详尽的计划。

　　这位年轻人满怀信心踏上了成功的征途。现在，他已经知道他到底想干什么，知道他应该怎么做。他懂得怎样才能事半功倍，他期待着收获，他也一定能获得成功——因为没有什么困难能挡住他对实现目标的渴望。

　　目标引领人生，没有目标的人生是可悲的，时光只会在漫不经心中白白流逝，即使你拥有令人仰望的才华，即使你一天到晚忙得满头大汗，但如果不知道自己的终点在何方，那么你所有的忙碌都只是虚度，满腹才华也不会有用武之地，到最后你仍然会一无所成。

　　认为自己怀才不遇的人，都是不甘平庸的人。想要真正地摆脱平庸，关键在于对自己的未来有一个清晰的目标，这样才能充分发挥自己的智慧。

　　在现实生活中，有很多资质平平的人不甘平凡。这是一个有积极心态的人不容回避的问题。不是每个人都能把生活过得轰轰烈烈，但是我们可以尽力将自己的人生过得更加精彩一些。我们不懈地追求正是和平庸不断作战的过程。我们想要成功，就要积极思考，不断上进。和平庸作战，不甘于平庸，正是我们生活的主旋律。

一个人之所以成功，首先在于他有一个明确的目标。规划人生，确定目标是首要问题。可以说，确立目标是怀才有遇的第一步。

第八章

成熟不是心变老，
是泪在打转还能微笑

不在意，才能不生气

在我们生活中，应该多一分谅解，少一分误会。人无完人，孰能无过？任何人都不是完美无缺的。世界上不存在绝对完美的人，我们不论与谁交往，都不可能要求对方事事都能做到让我们满意。这也常常会让我们困惑、迷茫，如此复杂、纠结的人际关系，该如何处理呢？气量小的人，往往不能容忍比自己优秀的人，也容忍不了和自己意见存在分歧的人。时间长了，交往的圈子就变得非常狭小，自己的人生境界自然就难以提升。其实细细品味人生，则会明白看似为难的事情也很容易就解决，即使面对恶意中伤或嘲讽，也应该宽以待人，生气不如消气。

曾任美国总统的福特在大学里是一名橄榄球运动员，体质非常好，所以他在62岁入主白宫时，他的身体仍然非常挺拔结实。当了总统以后，他仍滑雪、打高尔夫球和网球，而且擅长这几项运动。

1975年5月，他到奥地利访问，当飞机抵达萨尔茨堡，他走下舷梯时，他的皮鞋碰到一个隆起的地方，脚一滑就跌倒在跑道上。他跳了起来，没有受伤，但使他惊奇的是，记者们竟把他这次跌倒当成一项大新闻，大肆渲染起来。在同一天里，他又在丽希丹宫的被雨淋湿了的长梯上滑倒了两次，险些跌下来。随即一个奇妙的传说散播开了：福特总统笨手笨脚，行动不灵敏。自萨尔茨堡以后，福特每次跌跤或者撞伤头部或者跌倒在雪地上，记者们总是添油加醋地把消息向全世界报道。后来，竟然反过来，他不跌跤也变成新闻了。哥伦比亚广播公司曾这样报道说："我一直在等待着总统撞伤头部，或者扭伤胫骨，或者受点轻伤之类的来吸引读者。"记者们如此渲染似乎想给人一种印象：福特总统是个行动笨拙的人。电视节目主持人还在电视中和福特总统开玩笑，喜剧演员切维·蔡斯甚至在《星期六现场直播》节目里模仿总统滑倒和跌跤的动作。

福特的新闻秘书朗·聂森对此提出抗议，他对记者们说："总统是健康而且优雅的，他可以说是我们能记得起的总统中身体最为健壮的一位。"

"我是一个活动家，"福特抗议道，"活动家比任何人都容易跌跤。"

他对别人的玩笑总是一笑了之。1976年3月，他还在华盛顿广播电视记者协会年会上和切维·蔡斯同台表演过。节目开始，蔡斯先出场。当乐队奏起"向总统致敬"的乐曲时，他"绊"了一脚，跌倒在歌舞厅的地板上，从一端滑到另一端，头部撞到讲台上。此时，每个在场的人都捧腹大笑，福特也跟着笑了。

当轮到福特出场时，蔡斯站了起来，佯装被餐桌布缠住了，弄得碟子和银餐具纷纷落地。蔡斯装出要把演讲稿放在乐队指挥台上，可一不留心，稿纸掉了，撒得满地都是。众人哄堂大笑，福特却满不在乎地说道："蔡斯先生，你是个非常、非常滑稽的演员。"

面对嘲讽，最忌讳的做法是勃然大怒，大骂一通，其结果只会让嘲笑之声越来越大。要让嘲笑自然平息，最好的办法是一笑了之。一个满怀目标的人，不会在意别人的想法，而是有风度地接受一切非难与嘲笑。伟大的心灵多是海底之下的暗流，唯有小丑式的人物，才会像一只烦人的青蛙一样，整天聒噪不休！

人生的道路漫长而坎坷，充满了艰辛的同时，也会孕育着希望。不要为生活中的小事生气，不要总是抱怨自己生不逢时，没有结交到优秀的人。而是要对人多一分包容、多一分理解，让自己有气量去结交不同的人。气量和容人，犹如器之容水，器量大则容水多，器量小则容水少，器漏则上注而下逝，无器者则有水而不容。气量大的人，容人之量、容物之量也大，能和各种不同性格、不同脾气的人处得来。能兼容并包，听得进批评自己的话，也能忍辱负重，经得起误会和委屈。只有这样，才能让自己以轻松自如的心态来面对纷繁复杂的人间百态，才能摆脱不满、愤恨的情绪，才会有成功的可能。

闭上生气的嘴，张开争气的眼

俗话说：不蒸（争）馒头争口气。人们在这句话的鼓舞下，为了自己的尊严与面子，不惜牺牲自己所拥有的：有人为了别人的无心之言而怒火中烧，非要与之争出个长短不可；有人为了显示自己的强悍，非要与情敌拼个你死我活；还有人为了让人看得起，非要挑战不可能之事……

如此看来，所谓的"争气"不过是生气而已，与其原本的意思存在着一定的偏差，并非所有的"气"都值得生：哪些气应该生，哪些气应该咽下去，除了要仔细衡量外，还需考虑现实的情况，如果为了面子问题生气而丢掉美好的前程，自然是得不偿失的。适当的时候，放下自傲的心理，让自己弯曲一下，也不失为一种巧妙的策略。

南北朝时的高洋就是一个懂得适时弯曲的人。高洋在尚未称帝时，政权在其兄长高澄的手里。高洋的妻子十分美艳，高澄很嫉妒，而且心里很是不平。高洋为了不被高澄猜忌，装出一副朴实木讷的样子，还时常拖着鼻涕傻笑。高澄因此将他视为痴物，从此不再猜忌高洋。

高澄时常调戏高洋的妻子，高洋也假装不知。后来高澄被手下刺杀，高洋为丞相，都督中外诸军。朝中大臣素来轻视高洋，而这时高洋大会文武，谈笑风生，与昔日判若两人，顿时令四座皆惊，从此再不敢藐视。高洋篡位后，初政清明，简静宽和，任人以才，驭下以法，内外肃然。

当时西魏大丞相宇文泰听到高洋篡位，借兴义师的名义，进攻北齐。高洋亲自督兵出战，宇文泰见北齐军容严盛，不禁叹息道："高欢有这样的儿子，虽死无憾了！"于是引军西还。

试想，高洋若不是当年韬光养晦，假装痴物，在受到猜忌和羞辱时憋下一口气，他怎么能保住自己，积蓄力量，最后夺得帝位呢？

在今天的现实生活中，已不存在这种不忍让就会动辄丢性命的屈伸之道了，但故事本身给我们的警示作用却依然是很大的。可见，当人们遇到不公正待遇时，暴跳如雷于事无益，更甚者还会招来祸患。倒不如忍下一口气，适时弯曲，因为弯曲时更容易看清更多的东西，更有利于沟通，而在这个空间里，完全有时间和机会积蓄力量，在适当的时机展示出自己的才能。为了更好地说明这个问题，我们再来看一个故事。

一个名叫拉升·彼德的人在海军服役两年后，回到了美国首都华盛顿，之前服务的那家广播公司正等待他继续去做播音工作，但是换了个新上司。由于某种原因，这位新上司好像不大愿意接受他。

他憋着劲儿要在各个方面和他的上司比个高低，于是他冷静、谨慎地工作着。新上司对他主持的节目时间重新安排以后，他按捺不住了。他一直是和老搭档主持某个喜剧节目的，而新安排的时间差得不能再差了——将近午夜。

他怒火中烧，准备和新上司干一场，但是为了饭碗他还是忍住了。搭档和他接受了这个倒霉的时间安排，兢兢业业地工作着，三年后，这个节目成为华盛顿首屈一指的节目。

一天，新上司主动邀他参加电台的聚会，这次是躲不掉了。晚会上，他遇到了新上司的未婚妻。她是个聪颖、活泼、务实的姑娘。像她这样的姑娘怎能喜欢一个没有什么可取之处的人呢？通过新上司的未婚妻，他对新上司的看法有了转变。

随着时间的流逝，他的态度转变了——新上司的态度也变了。后来，他们成了好朋友。他仍在广播公司工作，并在全美一档著名的电视节目中主持气象预报。

高洋与彼德都明白，已不如人时，当面翻脸、发泄怒火只会自取灭亡，懂得适时弯曲、暗中发力才是求胜之道。

因此，当遭遇别人的欺辱时，是生气，还是忍下这口气对自己更有利？是翻脸，还是适时弯曲对自己更有利？这是很明显的。在弯曲时不忘积极进取，最后一鸣惊人，显示出强者的实力，自然会赢得别人的尊重。

就像西方著名政治思想家卡托所言："动怒的人张开他的嘴，却闭上眼睛。"人生在世，受气是难免的，生活中，如果有人"动了你的奶酪"，就不假思索地火冒三丈，是愚蠢之举，而真正的聪明者则会在别人闭上眼睛的时候，看清自己的前路。

不怕起点低，就怕境界低

在这个世界上，成功卓越者少、失败平庸者多。成功者活得充实、自在、潇洒，失败者过得空虚、艰难。产生这样根本区别的原因很简单，就是"态度"。比较一下成功者与失败者的态度，我们就会发现"态度"会导致人生惊人的不同。

威廉·奥斯拉是一个重点医科大学毕业的应届生，他对将来充满了困惑，他每时每刻都在苦恼，因为他觉得像自己这样学医学的人，全国有成千上万，而且现在的竞争如此残酷，究竟自己的立足之地在哪里呢？

最后他没有如愿以偿地被当地著名的医院录用，他到了一家效益不怎么好的医院。可是真正成为一名医生后，他才明白，最重要的是他是一名医生，而不是在一家什么样的医院。因为医生在哪里都是救死扶伤。从那时起，他就下定决心要做出成绩，医院可以不出色，自己的工作也可以平凡，但他一定要全力以赴做到最好，创造出更多的价值。就是他对待自己工作的这种积极向上的态度，让他踏踏实实地在平凡的岗位上一干就是几十年。经过这样长期的积累，他的医术越来越高明，后来他成为业内十分著名的医生，还创立了世界驰名的约翰·霍普金斯医学院。他被牛津大学聘为医学教授时说："其实我很平凡，但我总是脚踏实地地干。从一个小医生开始，我就把医学当成了我毕生的事业。哪怕我现在还是一名小医生，我也为我的职业感到自豪。"

威廉·奥斯拉成功的秘密在于他对人生、对工作的态度，只要对工作和生活抱着一种积极态度，人生总会有其高度！

不同的态度，导致了不同的人生。积极乐观的态度决定了高标准的人生，而且，态度不仅和工作相关，对人的一生来说，它具有更宽广的意义。用一位古代哲人的话来说就是："态度决定你的高度！"在这方面，美国电话电报公司总经理西奥多·韦尔的成功经历会对我们有更大启发。

几十年前，美国有一位年轻的铁路邮递员，和其他邮递员一样，他也用古老的方法干着分发信件的工作。大部分的信件都是凭这些邮递员用不太准确的记忆来分类发送的。因此，许多信件往往会因为记忆出现差错而无谓地耽误几天甚至几个星期。于是，这位年轻的邮递员开始寻找新办法。

他发明了一种把寄往某一地点的信件统一汇集起来的制度。这位邮递员就是西奥多·韦尔。就是这一件看起来很简单的事，成了他一生中意义最为深远的事情。他的图表和计划吸引了上司们的广泛注意。没多久，他就获得了升迁的机会。五年以后，他成了铁路邮政总局的副局长，不久又被升为局长，后来成为美国电话电报公司总经理。

从西奥多·韦尔的例子中，我们可以看出，再细微的工作只要用心去做，都会有回报，以认真负责的态度走好每一步，就能拥有一个不一样的人生。

如果你对自己的工作采取一种敷衍的态度，那么工作给你带来的报酬也是敷衍的，如果你以一种积极认真的态度去对待它，它也会让你收获厚重，并且助你登上人生更高的山峰。

如今，诸多年轻人宁可沉溺于无所事事的状况中，尽管他们也意识到自己这种做法对自己的发展没有好处，但是他们就是不肯去改变。诸多白领上班族不愿改变态度，让自己空有学历、能力，放弃态度的金钥匙，在职场里浮沉，甚至沦为失业大军的一员。

他们为什么会这样？因为他们丢失了热情。

积极的态度是一种状态，拥有积极态度的人，工作时就会有干劲。把握好你的态度，因为自己最终能否成功，很大程度上取决于你的态度。

别让"我不能"，限制了人生的可能

潜能无时无刻不在，你的心态是决定潜能发挥与否的一大关键因素，只要你保持积极心态，就能激发自己的无限潜能。无数成功人士的奋斗历程已经验证，成功是由那些抱有积极心态的人所取得的，并由那些以积极的心态努力不懈的人所保持。拥有积极的心态，即使遭遇困难，也可以获得帮助，事事顺心。

生命本身是短暂的，但是为什么有的人过得丰富多彩，充满朝气和进取精神，有的人却生活得枯燥无味，没有一点风光和活力？生活也许是一支笛、一面锣，吹之有声，敲之有音，全看你是不是积极去吹去敲，去创造自己生活的节奏和旋律。

有人说：我不会吹、不会敲怎么办？积极的人会告诉你，不吹白不吹，不敲白不敲，消极等待只能浪费生命。是的，活在世上，何必等待，何必懒惰？等待等于自杀，懒惰并不能延长生命一分一秒。

英国作家夏洛蒂很小就认定自己会成为伟大的作家。中学毕业后，她开始向成为伟大作家的道路努力。当她向父亲透露这一想法时，父亲却说：写作这条路太难走了，你还是安心教书吧。

她给当时的桂冠诗人罗伯特·骚塞写信，两个多月后，她日日夜夜期待的回信来了，信中这样说：文学领域有很大的风险，你那习惯性的遐想，可能会让你思绪混乱，这个职业对你并不合适。

但是夏洛蒂对自己在文学方面的才华太自信了，不管有多少人在文坛上挣扎，她坚信自己终会脱颖而出。她要让自己的作品出版。终于，她先后写出了长篇小说《教师》《简·爱》，成为著名作家。

无论做什么事情，信心是一切的开端，若没有对成功强烈的愿望，就"看不到"解决困难的办法，成功也就不会向我们靠近。为了变不可能为可能，就要有夏洛蒂这种强烈的愿望和足够的自信，坚信目标就能够实现并为之不断努力奋勇向前，这是达到目标的唯一方式。成功学导师爱默生说："相信自己能，便会攻无不克……不能每天超越一个恐惧，便从未学会生命的第一课。"

人生在世，要与无数的"不可能"遭遇。若一味胆怯、退缩，你就永远无法战胜"不可能"。自卑的人心理上会产生一种消极的自我暗示，"我不行""不可能"是他们的口头禅。

永远不要让"不可能"束缚自己的手脚，有时只要再向前迈进一步，再坚持一下，也许"不可能"就会变成"可能"。而有些人之所以能成功，就是因为他们对"不可能"的事多了一股不肯低头的韧劲。你的人生能否取得成功，完全取决于你的心态。无论环境多么艰难，都保持充分的自信，那么你的生活必然能找到成功的入口。

很多人都认为自己是生活中的失败者。很多人步入社会后更是经常提及这样一些问题，也经常讨论这些问题，比如：

"我为什么要不断地调整态度呢？"

"我为什么没有取得我打算要取得的成功呢？"

"你认为我最大的长处是什么？"

"我从来就未曾真正有过一个奔向美好前程的机会。你知道，我的家庭环境很糟。"

"我是在农村长大的，你绝对领会不到那种生活。"

"我只受过小学教育，我们家很穷。"

"我机遇不好。"

……

他们所给出的理由都是些关于自己失败的客观原因和悲剧性的故事。

实质上，这些人将自己限定在一个"不可能"的套子里，只不过这个套子是他们自己设定的。他们想说的是，世界所给他们的一切，使他们无法摆脱现有的困境。

其实，他们之所以得出这样的结论，完全是因为没有人指出他们这样的病根所在，长期以来他们都处于一种不良的消极的态度之中。正是这种态度，使他们萎靡不振。

如果以前你是一个拥有消极心态的人，那么从今天起，试着用另一种情绪看待人生，你会得到前所未有的喜悦，因为你会发现换一种态度之后，你的潜能被大大地激发出来了，连你自己都吃惊于自己的进步。自然界其实就是这样，在困难面前，你弱它就强，超越心里的极限，摆脱消极情绪的束缚，你就会到达更高的顶点。

每一次你认为好不了的伤疤，最后都会结痂

希望是对美好未来的向往与追求，它在我们的生命中是不可或缺的。没有泪水的人，他的眼睛是干涸的；没有希望的人，他的世界是黑暗的。鲁迅先生曾说："希望是附着于存在的，有存在，便有希望，有希望，便是光明。"希望对一个人是很重要的，一个没有希望的人，就像断了线的风筝一样，没有任何方向和依靠；就像大海中迷失了方向的船，永远都靠不了岸。

有一本书叫作《我希望能看见》，它的作者彼纪儿·戴尔是一个几乎失明了 50 年之久的女人，她写道："我只有一只眼睛，而眼睛上还满是疤痕，只能透过眼睛左边的一个小洞去看。看书的时候必须把书本拿得很贴近脸，而且不得不把我那一只眼睛尽量往左边斜过去。"可是她拒绝接受别人的怜悯，不愿意别人认为她"异于常人"。

小时候，她想和其他的小孩子一起玩跳房子的游戏，可是她看不见

地上所画的线，所以在其他的孩子都回家以后，她就趴在地上，把眼睛贴在线上瞄过来瞄过去。她把她的朋友所玩的那块地方的每一处都牢记在心，不久就成为玩游戏高手了。她在家里看书，把印着大字的书靠近她的脸，近到眼睫毛都碰到书本上了。她得到两个学位：先在明尼苏达州立大学得到学士学位，再在哥伦比亚大学得到硕士学位。

她开始教书的时候，是在明尼苏达州双谷的一个小村庄里，然后渐渐升到南德可塔州奥格塔那学院的新闻学和文学教授。她在那里教了13年书，也在很多妇女俱乐部发表演说，还在电台主持谈书类节目。她写道："在我的脑海深处，常常怀着一种怕完全失明的恐惧，为了克服这种恐惧，我对生活采取了一种很快活而近乎戏谑的态度。"

然而在她52岁的时候，一个奇迹发生了。她在著名的梅育诊所做了一次手术，她的视力提高了40倍。一个全新的、令人兴奋的、可爱的世界展现在她的眼前。她发现，即使是在厨房水槽前洗碟子，也让她觉得非常开心。她写道："我开始玩着洗碗盆里的肥皂泡沫，我把手伸进去，抓起一大把肥皂泡沫，我把它们迎着光举起来。在每一个肥皂泡沫里，我都能看到一道小小彩虹闪出来的明亮色彩。"

彼纪儿·戴尔没有因为身体上的缺陷一蹶不振，而是充满希望地生活着。有希望就会有奇迹，上天会眷顾内心满怀希望的人。当我们处于厄运的时候，当我们面对失败的时候，当我们面对重大灾难的时候，只要我们仍能在自己的生命之杯中盛满希望之水，那么，无论遭遇什么样的坎坷不幸，我们都能永葆快乐心情，我们的生命因此便不会枯萎。

我们审视和叩问自己的心灵：能否像彼纪儿·戴尔那样，在肥皂泡沫中看到彩虹？生活中的阴云和不测不知会使多少人活在自怨自艾的边缘，许多人早已习惯了用悲伤去迎接生命的各种遭遇，由于自身内心世界的阴晦，使得原本明朗的生活变得灰暗而毫无希望。我们既然没有彼纪儿·戴尔的不幸，也就没有绝望的理由！用心去感受这个可爱的世界吧，阳光下洗碗盆里的肥皂泡沫都是五彩缤纷的。

我们生活在一个竞争十分激烈的社会，有时在某方面一时落后，有时困难重重，失败连连，甚至才华被埋没。小小的百合教给了我们一个大大的人生道理：

在一个偏僻的山谷里的断崖上，不知何时，长出了一株小小的百合。它刚长出来的时候，和野草一模一样，但是，它心里知道自己并不是一株野草。它的内心深处，有一个纯洁的念头："我是一株百合，不是一株野草。唯一能证明我是百合的方法，就是开出美丽的花朵。"它努力地吸收水分和阳光，深深地扎根，直直地挺着胸膛，对附近的杂草置之不理。

在野草和蜂蝶的鄙夷下，百合努力地释放内心的能量。百合说："我要开花，是因为知道自己有美丽的花；我要开花，是为了完成作为一株花的庄严使命；我要开花，是由于自己喜欢以花来证明自己的存在。不管你们怎样看我，我都要开花！"

终于，它开花了。它那灵性的白和秀挺的风姿，成为断崖上最美丽的风景。每年的春天，百合努力地开花、结籽，最后，这里被称为"百合谷地"。因为这里到处是洁白的百合。

无论什么时候，我们都不能放弃努力；无论什么时候，我们都应该像那株百合一样，为自己播下希望的种子。

内心充满希望，它可以为你增添一分勇气和力量，它可以支撑起你一身的傲骨。当莱特兄弟研究飞机的时候，许多人都讥笑他们异想天开，当时甚至有句俗语说："上帝如果有意让人飞，早就使他们长出翅膀。"但是莱特兄弟毫不理会外界的说法，终于发明了飞机。

当伽利略以望远镜观察天体，发现地球绕太阳而行的时候，教皇曾将他下狱，命令他改变主张，但是伽利略依然继续研究，并著书阐明自己的学说，终于在后来获得了证实。所以说最伟大的成就，常属于那些在大家都认为不可能的情况下，却能满怀希望并坚持到底的人。

没人陪伴，就自己阳光

世间最可怕的不是生活的苦涩，而是悲观的心态。如果我们遇到生活的各种打击，就悲观绝望，这比打击本身更可怕。没有什么可以挡得住我们前进的脚步，擦亮我们的眼睛，就会看到生活的希望，一切皆有可能。时刻保持阳光的心态，你的生命也会永葆绿色。

一个刚入寺院的小沙弥，忍受不了寺院的冷清生活，甚至有了轻生的念头。这一天，他独自一人走上了寺院后面的悬崖，就在他紧闭双眼，准备纵身跳下时，一只大手按住了他的肩膀。他转身一看，原来是寺院的老方丈。

小沙弥的眼泪马上流了出来，他如实告诉方丈，自己已看破红尘，只想一死了之。

老方丈摇摇头，对小沙弥说："不对，你拥有的东西还有很多很多，你先看看你的手背上有什么。"

小沙弥抬手看了看，讷讷地说："没什么呀？"

"那不是眼泪吗？"老方丈语气沉重地说。

小沙弥眨眨眼睛，又是热泪长流。

老方丈又说："再看看你的手心。"

小沙弥又摊开双手，对着自己的手心看了一阵，不无疑惑地说："没什么呀？"

老方丈呵呵一笑，对小沙弥说："你手上不是捧着一把阳光吗？"

小沙弥怔了一下，心有所悟，脸上也泛起丝丝笑容。

只要心中有一片阳光，纵使周围是无边的黑暗和寒冷，你的世界也会明媚而温暖。掬一把阳光，整个太阳便笑在掌心里，魅力四射。生活中处处有令人感到幸福的地方，就像小沙弥一样，手背上是泪水，手心却是阳光，而我们总是苍老了自己的心灵，看到的都是手背上的泪水，却看不到手心里的阳光，所以人生充满了苦涩。不妨打开自己的手心，给自己捧起一把阳光！

作家焦桐说："生命不宜有太多的阴影、太多的压抑，最好能常常邀请阳光进来，偶尔也释放真性情。"

爱若是生命的原动力，觉悟就是生命的源头，而生命就是阳光，活着，就是要寻找属于自己的光亮。

"二战"后，很多国家发生了不同程度的经济危机，在美国一座曾经繁华的城市里，有一条人来人往的街道，有一个盲乞丐每天都在街边坐着，他总是笑眯眯的，每当感觉到有人走近时，他就会友好地跟他们打招呼。大家非常好奇，为什么那位盲乞丐每天都如此快乐，他难道不为乞讨不到更多的钱忧愁，不为自己的境况悲伤吗？于是有人猜测，那个乞丐不是凡人，所以无忧无虑；也有人说，他可能是个来自疯人院的疯子。终于有一天，一个年轻的小伙子抑制不住自己的好奇心，上前去询问盲乞丐为什么每天都如此开心。盲乞丐开心地笑了，他说："因为无论怎么样，我每天都能看到太阳从东方冉冉升起，我看到世界是光明的，所以就无比的快乐。"小伙子很不解，又问道："您分明是个盲人，又怎么能看到太阳升起呢？"盲乞丐捋捋长须，说："孩子，难道双目失明就无法看到这世上的阳光了吗？"

人生究竟快乐与否不在于外部环境如何，真正影响人的是自己的心，我们如果总是让自己的内心充满悲伤，那么，纵使有再多的阳光，我们也会视而不见。

不要盲目与人攀比，珍惜你所拥有的，生活不可能是一帆风顺，幸福只在每个人的心中，学会接受生活中的不幸。一个阳光的心态远远要比一个年轻的身体更有意义，心态阳光了，整个人都会焕发活力，也就更容易激发出生命的动力。生命通过不同形式的传达，有了不同的人生境界。生命里确实承受不起太多的阴影，在生命停泊的港湾，让我们一起邀请阳光走进来，寻找属于自己的阳光，做最阳光的自己。

实质上，成功源自你对生活的态度，只要你持有良好的态度，成功也不会太远了。

拥有积极的态度，无论现在的生活怎么样，只要你的态度良好，幸福就会来敲门。我们无法选择命运给我们的安排，从出生那一天开始，在或贫穷或富贵的环境中成长，没得选择；天生的或聪慧过人或愚钝难教化，没得选择；一生中更可能是富贵荣华、平步青云或平淡无奇或坎坷起落不平，没得选择。但我们可以选择对待和接受命运的态度。既然冥冥之中命运已安排了我们有这样或那样的人生际遇，又何必为那些难以扭转的东西或喜或悲呢！既然已注定一切难遂心愿，又何苦再自我折磨呢？让自己的心态变得阳光吧。

放弃有一千条理由，坚持却只需要一个

无论如何，都要相信你自己，人不可能永远困顿，只要努力奋斗，你总会有成功的那一天。人生总会有高低起伏，不会永远处于低谷，也不会有永远兴盛的家世，处于困顿中的人一样要抱持这样一种信念，要相信自己总有一天会成功。

张海迪 1955 年出生于山东省文登县，小的时候，她很聪明、活泼。可 5 岁那年，她突然得了一种奇怪的病，胸部以下完全失去了知觉，生活不能自理了。为了治好病，她不知道做了多少次手术。但最终也没治好她的病。医生们都认为，像张海迪这么小的高位截瘫患者，一般很难活到成年。

面对死神的威胁，小海迪意识到自己的生命很难长久，可是她并没有向命运屈服，她不想成为一个只能依赖家人的废人，她相信，只要自己坚持不懈地努力，总有一天会获得成功。为了不虚度光阴，她把每一分每一秒都用在刻苦自学上。

在日记中，她把自己比作天空中的一颗流星。她这样写道："不能碌碌无为地活着，活着就要学习，就要多为群众做些事情。既然我像一颗流星，我就要把光留给人间，把一切奉献给人民。"

1970年，张海迪跟随父母到乡下插队落户。她看到当地群众缺医少药，便萌生了学习医术的想法。她用平时省下来的零用钱买来了医学书籍，努力研读。为了能够识别内脏，她拿一些小动物来做解剖，为了了解人的针灸穴位，她就用自己的身体做实验；她用红笔、蓝笔在身上画满了各种各样的点，在自己的身上练习扎针。她以常人难以想象的坚强的毅力，克服了无数的困难，终于能够治疗一些常见病和多发病了。

十几年里，张海迪医好了一万多名群众。搬到县城后，由于身体残疾，她没工作可做。但她并不想让自己成为一个闲人。她从高玉宝写书的经历中得到启示，决定自己也走文学创作的路子，用笔去描绘美好的生活。

经过多年的勤奋写作，张海迪已经成为山东省文联的专业创作人员，她的作品《轮椅上的梦》一经出版，就引起了十分强烈的反响。张海迪有着坚定的人生信念，只要自己认准了的目标，无论前面有多少艰难险阻，都要努力地跨越。

一次，一位老同志拿一瓶进口药，请她帮助给翻译一下文字说明，可张海迪并不懂英文，看着这位老同志满脸失望地离去，她心里很是不安。从那天开始，她决心学习英文。在学习英文期间，她家的墙上、桌上、灯罩上、镜子上，乃至她手上、胳膊上都写有英语单词，她还给自己定下了任务，每天晚上必须记住10个单词，否则就不睡觉。家里无论来了什么样的客人，只要会一点英语的，都成了她学习英语的老师。

几年以后，她不仅可以熟练阅读英文报刊和文学作品，而且还翻译了英国长篇小说《海边诊所》。当她将这部译稿交给某出版社的总编时，那位年过半百的老同志不由感动得流下了热泪。

是的，每个人都会遇到这样那样的不顺。这时，你必须保持清醒，坚定地相信自己总有一天会成功。秉持这样的信念，上天就不会辜负你。人生不会一帆风顺的，即使现在你失业了，也不要自暴自弃，心中永远存着成功的信念，终有一天你会获得成功。

人的一生，就像一趟旅行，沿途中有数不尽的坎坷泥泞，但也有看不完的春花秋月。如果我们的一颗心总是被灰暗的风尘所覆盖，干涸了心泉、黯淡了目光、失去了生机、丧失了斗志，我们的人生轨迹岂能美好？而如果我们能保持一种积极向上的心态，即使我们身处逆境、四面楚歌，也一定会有"山重水复疑无路，柳暗花明又一村"的那一天。

"黑夜给了我黑色的眼睛，我却用它来寻找光明。"就现实的情形而言，悲观失望者一时的呻吟与哀号，虽然能得到短暂的同情与怜悯，但最终得到的是别人的鄙夷与厌烦；而乐观上进的人，经过长久的忍耐与奋争、努力与开拓，最终赢得的将不仅仅是鲜花与掌声，还有那饱含敬意的目光。虽然，每个人的人生际遇不尽相同，但命运对每一个人都是公平的。因为窗外有土也有星，就看你能不能磨砺一颗坚强的心、一双智慧的眼，透过岁月的风尘寻觅到辉煌灿烂的星星。先不要说生活怎样对待你，而是应该问一问，你怎样对待生活。

人生就是这样，你把一个坑想象成坟墓，它就是坟墓，你把它想象成树坑，它就能绽放出绚烂的花朵。在每个人的一生中，都会碰到无数的坑，关键是看你想做掘墓者还是种树人，你的心态决定了你一生的走向，打破心中的瓶颈，就可以排除一切障碍。

今天，跟你的玻璃心告个别吧

印度有一句谚语："播种行为，收获习惯；播种习惯，收获性格；播种心态，收获命运。"人的命运虽不可选择，却不是既成的。人无法选择自己的出身，也无力改变所处的环境，但人可以改变自己的思想和心态。

起点可以影响结果，但不会最终决定结果，决定结果的是我们自己。当你遇到挫折时，可以让自己屈服，从此放弃努力，甘于过平庸的生活；也可以坚韧不拔地走下去，最终获得充实而卓越的人生。因此，只有把握自己的心态，才能真正把握自己的命运，把握自己的人生。

《时间简史——从大爆炸到黑洞》是一部在全世界具有影响力的科普著作，它的作者斯蒂芬·霍金患上了会使肌肉萎缩的卢伽雷氏症，全身只有右手的三个手指能动，后来又丧失了语言能力。正是这样一个身体上有缺陷的人，被科学界公认为继爱因斯坦之后最伟大的理论物理学家。每一位有幸见到他的人，都会对人类中居然有如此的灵魂而从内心受到深深的影响。霍金在 21 岁时被确诊为患有不可治愈的运动神经病。医生断言他只能再活两年半，而他没有被致命的挑战吓倒，以他的执着和坚定粉碎了医生的预言。他先后被选入伦敦皇家学会，被任命为卢卡逊数学教授——这是牛顿曾获得的荣誉职位。

霍金是一位划时代的英雄。他的伟大在于性格的伟大，刚毅的性格使他藐视身体的痛苦，对梦想、成功和影响力的执着追求使他拥有巨大的勇气和意志力。敢于挑战、顽强拼搏的人，就能战无不胜，而世界属于一往无前的人。

霍金身体的缺陷是无法改变的，但事业的成功是由自己创造的。一个坚强、勇敢、自信、宽容、谦虚的人，比起一个怯懦、自卑、自私、自大的人，成功的机遇和可能要大得多。性格、意志、心态、情绪等非智力因素在一个人的成长中起决定作用，而智力和知识并不是最重要的。美国斯坦福大学某教授曾经对 1000 多名智商在 140 分以上的天才儿童进行过长达几十年的跟踪研究。在研究中，他把这些人中最有成就的 150 人和成就最低的 150 人进行了比较。他们在智力上相差甚微，而能否取得成就的原因主要在于性格特征的差别：自信或不自信，自卑或不自卑，坚持或不能坚持，是否有较强的适应能力和实现目标的动机，等等。可见，成功与否是由自己决定的，由心态决定的。

事业上的成功离不开良好的心态，个人生活上的成功更离不开良好的心态。具备良好的心态才能有成功的人生。一个人对学习充满热情，就会发现学习中的乐趣。对集体充满热情，他的才华就会在集体中充分展示。对他人多一份关心与帮助，就会更多地得到别人的帮助与支持。以宽容和诚实之心对待别人，就会得到珍贵的友情、爱情、亲情、师生情。性格勇敢坚强，就不会为生活中的挫折所烦恼。性格乐观、心态良好则能更多地感受生活中阳光的温暖。幸福是一种对生活的体验。态度不同，性格不同，对幸福的体验就会不同。命运本身也许并无好坏，人以什么态度来对待它，才是命运好坏的根本原因。

　　良好心态的形成更离不开个人的主观努力。把自己的心胸放宽，以积极健康的态度面对生活，就可以逐渐形成一种习惯。如果你认为自己不够关心别人，那么当你看到别人遇到困难时，主动地伸出你的手，尽你所能去帮助他们，这样一来，你就能逐渐养成乐于助人的心态。无论在学习或生活中，遇到挫折和困难，你都要时刻提醒自己坚持下去。以宽容之心对待朋友和同学，以严格之心要求自己，不断地播下个性的种子，终能收获自己有影响力的命运。

第九章

你那么功利，活该你处处碰壁

微笑合作，共生共赢

英国前首相丘吉尔曾说过："世界上没有永远的敌人，也没有永远的朋友，只有永远的利益。"这句话如果引申到商业中，就是说利益是现代所有商业合作的根基。合作是为了从消费满溢的市场中分得一杯羹，从而达到双方都比较满意的效果。因此，双赢成为现代企业合作的最佳状态。

2004年12月8日上午9点，联想集团宣布以12.5亿美元收购IBM个人电脑事业部，收购的范围涵盖了IBM全球台式电脑和笔记本电脑的全部业务。这一为世人所瞩目的收购项目在经过13个月的并购谈判后终于画上了一个圆满的句号。

通过对IBM全球个人电脑业务的并购，联想的发展历程整整缩短了一代人，年收入从过去的30亿美元猛增到100亿美元，一跃成为世界第三大PC制造商。联想也因此成为我国率先进入世界500强行列的高科技制造业企业，并拥有IBM的"Think"品牌及相关专利、IBM深圳合资公司、位于日本和美国北卡罗来纳州的研发中心、遍及全球160个国家和地区的庞大分销系统和销售网络。

IBM在并购后的股价上涨了2%，并且在新联想中获得了18.9%的股权，成为仅次于联想控股的第二大股东。与此同时，IBM当时的副总裁兼个人系统部总经理史蒂芬·沃德还登上了新联想CEO的宝座，联想的前任CEO杨元庆则当上了新联想董事长。并购后的IBM终于摆脱了沉重包袱，将经营方向转为利润更为丰富的PC游戏操纵杆的微处理器的制造。对于企业来说，联想收购IBM个人电脑事业部的行为是一种双赢，而长达13个月的并购谈判更是双方相互妥协的结果。从并购金额到新联想总部的最终确定，无一不是双方相互妥协的结果，但最后均落在了双方的利益平衡点上。

每一个人，都应该努力拼搏，争取一些对自己有用的东西，但是，努力争取并不代表蛮横抢夺，也不代表咬住不放，而是灵活掌握、进退自如，因此，我们要善于妥协。对于生活在缤纷社会中的我们来说，学会适时妥协不仅不会影响到我们的既得利益，很多时候还会让我们的人格魅力得到更好的彰显，从而使双方都得到更多的利益，这就是双赢。小到一个人、一个企业，大到一个民族、一个国家，都应该学会在适当的时候妥协，这样的人，才是有谋略的人；这样的企业，才是能够长久发展的企业；这样的民族，才是聪明的民族；这样的国家，才是伟大的国家！

发展经济搞企业，不一定什么事情都非要我吃掉你，你吃掉我，有时候适当给竞争对手留一条后路，适当做出一些让步也是一种战略，比如企业兼并、企业重组最终都是双赢的结局。商场上，今天你的竞争对手，说不定今后会成为你的合作伙伴。不一定要把关系搞得那么僵，各自退一步，也许就海阔天空，商场跟战场一样，不战而胜为上。在商场上不要把弦绷得太紧，人要留有余地，要站得高，看得远。

单赢不是赢，只有双赢才是真正的赢。"互利互惠"才能双赢，这是与竞争对手寻求共同利益的最好办法。学会妥协，收获友谊，维护尊严，获得尊重。当同别人发生矛盾并相持不下时，你就应该学会妥协。这并不表示你失去了应有的尊严，相反，你在化解矛盾的同时在别人心中埋下了你宽容与大度的种子，别人不仅会欣然接受，还会对你产生敬佩与尊重之情。让别人过得好，自己也能过得快乐。学会妥协，世界会因你而美丽！

告别"独行侠"，你才可以"笑傲江湖"

工作中，有人自视甚高，以为做事"舍我其谁"。他们喜欢单干，如高傲的"独行侠"一般，以自我为中心，极少与同事沟通交流，更不会承认团队对自己的帮助。

有人也许会有说：有些天才就是特立独行的，他们也取得了巨大的成就，伟大的成就有时候就是需要别具一格啊！是的，在一些领域里，具有非凡天赋和付出超人努力的人会取得巨大的成就，比如梵·高和爱因斯坦。但是再有才华的人取得的成就也是以前人的成就为基础的，而且在企业里，这样的人是不可能取得长期成功的，苹果电脑的创始人之一史蒂夫·乔布斯正是其中的代表人物。

美国航天工业巨头休斯公司的副总裁艾登·科林斯曾经评价乔布斯说："我们就像小杂货店的店主，一年到头拼命干，才攒那么一点财富。而他几乎在一夜之间就赶上了。"乔布斯22岁开始创业，从赤手空拳打天下，到拥有2亿多美元的财富，他仅仅用了4年时间。不能不说乔布斯是有创业天赋的人。然而乔布斯因为独来独往，拒绝与人合作而吃尽了苦头。

他骄傲、粗暴，瞧不起手下的员工，像一个国王高高在上，他手下的员工都像躲避瘟疫一样躲避他。很多员工都不敢和他同乘一部电梯，因为他们害怕还没有出电梯就已经被乔布斯炒鱿鱼了。

就连他亲自聘请的高级主管——优秀的经理人、百事可乐公司饮料部前总经理斯卡利都公然宣称："苹果公司如果有乔布斯在，我就无法执行任务。"

对于二人势同水火的形势，董事会必须在他们之间取舍。当然，他们选择的是善于团结的斯卡利，而乔布斯则被解除了全部的领导权，只保留董事长一职。对于苹果公司而言，乔布斯确实是一个大功臣，是一个才华横溢的人才，如果他能和手下员工们团结一心的话，相信苹果公司是战无不胜的，可是他选择了"独来独往"，不与人合作，这样他就成了公司发展的阻力，他越有才华，对公司的负面影响就越大。所以，即使是乔布斯这样出类拔萃的开创者，如果没有团队精神，公司也只好忍痛舍弃。

事实上，一个人的成功不是真正的成功，团队的成功才是最大的成功。对于每一个职场人士来说，谦虚、自信、诚信、善于沟通、有团队精神等是非常重要的。团队精神在一个公司、在一个人事业的发展过程中都是不容忽视的。

松下公司总裁松下幸之助访问美国时，《芝加哥邮报》的一名记者问他："您觉得美国人和日本人哪一个更优秀呢？"这是一个相当尴尬的问题，说美国人优秀，无疑伤害了日本人的感情；说日本人优秀，肯定会惹恼美国人；说差不多，又显得搪塞，也显示不出一个著名企业家应有的风度。

这位聪明的企业家说："美国人很优秀，他们强壮、精力充沛、富于幻想，时刻都充满着激情和创造力。如果一个日本人和一个美国人比试的话，日本人是绝对不如美国人的。"美国记者十分高兴："谢谢您的评价。"正当他沾沾自喜的时候，松下幸之助继续说："但是日本人很坚强，他们富有韧性，就好像山上的松柏。日本人十分注重集体的力量，他们可以为团体、为国家牺牲一切。如果10个日本人和10个美国人比试的话，肯定可以势均力敌，如果100个日本人和100个美国人比试的话，我相信日本人会略胜一筹。"美国记者听了目瞪口呆。

"没有完美的个人，只有完美的团队"，这一观点已被越来越多的人所认可。每个人的精力、资源有限，只有在协作的情况下才能达到资源共享。

单打独斗的年代已经一去不复返，只有懂得合作的人才能借别人之力成就自己，并获得双赢。朋友，你想成为真正的笑傲职场的"英雄"吗？那就彻底告别"独行侠"的角色吧。

请相信你的合作者

合作伙伴就得统一战线，齐心协力才能打败你的对手。轻易怀疑你的合作伙伴等于是自挖阵脚，不战自溃。

灰兔在山坡上玩，发现狼、豺、狐狸鬼鬼祟祟地向自己走来，便急忙钻到自己的洞穴中避难。灰兔的洞一共有三个不同方向的出口，为的是在情况危急时能从安全的洞口逃离。今天，狼、豺、狐狸联合起来对付灰兔，它们各自把守一个出口，把灰兔围困在洞穴中。

狼用它那沙哑的嗓子，对着洞中喊道："灰兔你听着，三个出口我们都把守着，你逃不了啦，还是自己走出来吧。不然我们就要用烟熏了，还要把水灌进去！"

灰兔想，这样一直困在洞里也不是个办法，如果它们真的用烟熏、用水灌，情况就更加不妙。忽然，灰兔灵机一动，想出了一个妙计。它来到狐狸把守的洞口，对着洞外拼命地尖叫，就像被抓住后发出的绝望的惨叫声。

狼和豺听到灰兔的尖叫声，以为灰兔被狐狸抓住了。它们担心狐狸抓到灰兔后独自享用，不约而同地飞奔到狐狸那里，想向狐狸要回属于自己的那份。聚到一起后，狼、豺、狐狸忽然意识到灰兔可能是用声东击西之计时，急忙又回到各自把守的洞口继续把守。它们哪里知道，灰兔趁刚才狼、豺到狐狸那里去的时候，早已飞奔出来，躲到了安全的地方。

灰兔把自己脱险的经过告诉了刺猬，刺猬说："你真聪明，你是怎么想出这个妙计来的呢？"灰兔说："因为我知道，狼、豺、狐狸虽然结伙前来对付我，但它们都有贪婪的本性，互不信任，各怀鬼胎，我正是利用了这一点。"

没有信任的团队，是无法形成强大的向心力和凝聚力的，在竞争中，他们总会被对手找到漏洞，各个击破，最后落得失败的下场。

如果你相信别人，别人也会相信你。你以什么样的态度或方式对待别人，别人也会以什么样的态度或方式来对待你。

信任是合作的基础，而相互合作的人就像战场上同一战壕的战友，你要相信你的"战友"。

没有信赖做基础，每个人都会试图保护自己眼前的利益，但是这么做会对长期的利益造成损害。信赖是一种开放的格局，要信任我们的"战友"，同时也让自己成为值得信任的人。

选择战衣，也能选择战友

建立良好的合作关系，还需要了解他人、包容他人。每个人都有自己的优缺点，在与人合作的过程中，当与他人发生冲撞时，你唯一能做的就是包容。

有一天，沙漠与海洋谈判。

"我太干，干得连一条小溪都没有，而你却有那么多水，变成汪洋一片。"沙漠建议，"不如我们做个交换吧。"

"好啊，"海洋欣然同意，"我欢迎沙漠来填补海洋，但是我已经有沙滩了，所以只要土，不要沙。"

"我也欢迎海洋来滋润沙漠，"沙漠说，"可是盐太咸了，所以只要水，不要盐。"

我们想得到一种东西，必须容忍其他一些东西。

有两个戏剧学院的学生，毕业后一起进入演艺圈，他们都很有才华，在学校的时候就显得与众不同，两人虽然彼此惺惺相惜，却也因好强而暗中较量。

虽然两人同时毕业于戏剧学院，但一位是导演系的，一位是表演系的，因此入行后，一位当导演，一位做演员。

经过一段时间的努力，两人在工作岗位上都表现得很出色。有一次，刚好有部电影可以让他俩合作，基于两人是要好的同学，而且心里对彼此的才能和需求都非常了解，所以他们爽快地答应合作。

导演对于演员一向要求比较严格，所以在拍戏的过程之中，虽然是自己的同学也毫不客气地加以指责。而已经是名演员的老同学也有自己的见解和个性，所以片场的火药味总是很浓。

有一天，导演因为几个镜头一直拍不好，不禁怒火中烧，对着自己的老同学大发脾气，一句重话马上脱口而出："我从来没见过这么烂的演员！"

名演员一听，愣了许久。他走到休息室，不肯出来继续拍戏。

"一个篱笆三个桩，一个好汉三个帮。"一个人在社会生活中，不可能永远孤军打天下，总会有与别人携手合作的时候。事实上，我们几乎每天都会碰到许多必须与别人合作才能完成的事情，学会与别人愉快而有效地合作，无疑将会给你的生活和学习带来高效率和愉悦的心情。因此，可以说合作关系是人际关系的另一面镜子。

与别人合作关系差的人，其人际关系往往也很差。因此，从合作关系之中，我们可以建立良好的人际关系；从人际关系之中，我们可以巩固彼此的合作关系，这是互动的。

学会与别人合作有很多的技巧，不是说仅有一颗真诚的心就可以了。要与人合作必须了解别人，只有了解别人，才谈得上合作，只有对别人有了充分的了解，才能扬其长、避其短，使其有信心与你共事。

其实，了解别人也是一种能力，而不仅仅是一种态度。在很多情况下，我们都是感情用事，不够理智，不懂得换位思考，这为我们带来了许多麻烦，所以我们每个人都应该以一颗包容的心，忍受别人不合理的行为，学会去欣赏并接受不同的生活方式、文化等。

笨人才认为"一切靠自己"

我们每个人似乎都知道，在这个社会要独立地完成一件大事几乎是不可能的。然而现实中，真正做到与别人精诚合作的寥寥无几。或许是出于自负，又或许是出于自强，有的人总是固执地想以一个人的力量去做到，结果只能在困顿中艰难跋涉。

一个和谐的优秀团队中会出现互帮互助的情况，然而团队合作本身，算不上是什么美德，而是一种战略选择。因为一个精诚合作的团队是强大有力的，远远胜过于个人的单打独斗，这几乎也是所有人的共识。因此，在竞争异常激烈的当今社会，很多企业择人的重要指标之一就是是否具有合作精神。

有一家著名的公司招聘市场业务人员，有12名优秀应聘者过关斩将从众多应聘者中脱颖而出。经理看过这12个人的详细资料和初试成绩后，相当满意，但此次招聘只能录取4个人。所以最后又加了一个测试：经理把这12个人随机分成甲、乙、丙3个组，指定甲组的4个人去调查本市婴儿用品市场，乙组的4个人调查妇女用品市场，丙组的4个人调查老年人用品市场。经理解释说："为避免大家盲目开展调查，我已经叫秘书准备了一份相关行业的资料，走的时候自己到秘书那里去取！"

12个人、3个小组，按照经理的要求，分别采取行动。到了规定日期，12个人都把自己的市场分析报告送到了经理那里。经理看完后，站起身来，走向丙组的4个人，向他们祝贺道："恭喜4位，你们被本公司录取了！"众人有些迷惑，包括被录取的4个人。经理看着大家疑惑的表情，呵呵一笑，说："请大家打开我叫秘书给你们的资料，互相看看。"

原来，每个人得到的资料都不一样，甲组的4个人得到的分别是本市婴儿用品市场过去、现在、将来和总结性的分析，其他两组的也类似。经理说："丙组的4个人很聪明，互相借用了对方的资料，补全了自己的分析报告。而甲、乙两组的应聘者都分别行事，抛开队友，自己做自己的。我出这样一个题目，其实最主要的目的，是想看看大家的分工协作意识。甲、乙两组失败的原因在于，他们没有分工合作，忽视了队友的存在！"

我们需要合作，团队合作的力量是巨大的。我们提倡合作精神，但并不反对"英雄主义"，团队合作与"英雄主义"并不矛盾。任何时代都呼唤英雄，呼唤能为了完成重大意义的任务而表现出英勇、顽强和不怕牺牲的精神的英雄。团队合作也会遭遇举步维艰的情况，这时候也需要英雄出来拯救自己的团队。

在南极和北极，太阳一旦落下去，等它再升起来至少要好几个月的时间，这被称为极夜。一次，一支探险队没来得及在太阳落下之前离开南极，他们就被留在了无边的黑暗中。虽说有足够的食物与生活必需品，可整整好几个月，这儿将只有黑夜没有白昼，冰天雪地，生灵绝迹，与世隔绝，与光明隔绝。人，能挨得过去吗？

寂寞与枯燥终于让他们难以忍受，他们觉得自己都快发疯了。真的有一个人发疯了。他那抑郁的状态十分可怕，不吃不睡，整个人像南极的冰原一样被封冻、死寂。然后，无声地吞噬着周围的一切……

大家着急地围着劝慰他，你一言我一语。忽然发现，只要有人对他讲话，他的症状就会缓解一些，要是有人讲一个好听的故事，他的表情就明显地生动起来。于是规定，每天一个人，轮流为病人讲故事。

为了帮助同伴摆脱困厄，每个人都发挥了自己最大的想象力、创造力。那些故事非常精彩，而且，总是异想天开。接下去的事情就很容易想象了。在那么多美丽故事的治疗下，病人逐渐好转，他们终于相互搀扶着，熬过了漫漫极夜。

后来大家才发现，"发疯的"探险队员其实不是病人，他是一个医生。医生害怕大家熬不过去，决定自己想个办法。他就策划了一个"发疯"的表演，让大家在安慰别人时忽略了自己所受的精神折磨。这是一个医生在尽自己的职责。

并不是所有的英雄都叱咤风云，只要认认真真做好本职工作，奉献自己的力量、发挥"螺丝钉精神"的人，同样也是英雄。这种英雄主义是以团队为基础的，如果放弃整个团队，就容易形成独断自我的毛病，转变成"个人英雄主义"。他们过分夸大个人的作用而贬低和忽视团队的力量和智慧，这样往往损害整个团队的利益。

单丝不成线，独木不成林

当今社会需要合作精神。通用电气公司前 CEO 杰克·韦尔奇曾说："在一个公司或一个办公室里，几乎没有一件工作是个人能独立完成的，大多数人只是在高度分工中担任部分工作。只有依靠部门中全体员工的互相合作、互补不足，工作才能顺利进行，才能成就一番事业。"一个人只能取得小成功，而一个优秀的团队的成功才是大成功。

合作不是简单的一加一等于二，如果人们能精诚协作，其产生的能量远远大于单个力量的总和。"二战"期间一次惊心动魄的"大逃亡"，可谓是协作的完美典范，此次活动时间之长、任务之艰巨、涉及范围之广，令人难以想象。

在德国柏林东南部有一座德国战俘营。为了逃脱纳粹的魔爪，被关在战俘营的 250 多名战俘准备越狱。在纳粹的严密控制之下，实施越狱计划几乎没有可能。但事实证明，这 250 多名战俘最大限度地精诚协作，从而成功逃脱。

在开始计划之前，他们明确地进行了分工。这是一件非常复杂的工程，首先要挖掘地道，而挖掘地道和隐藏地道则是极为困难的。战俘们一起设计地道，动工挖土，拆下床板木条支撑地道。处理新鲜泥土的方式更令人惊叹，他们用自制的风箱给地道通风吹干泥土。修建了在坑道运土的轨道，制作了手推车，在狭窄的坑道里铺上了照明电线。完成这些，他们所需的工具和材料之多令人难以置信，3000 张床板、1250 根木条、2100 个篮子、71 张长桌子、3180 把刀、60 把铁锹、700 米绳子、2000 米电线，还有许多其他的东西。为了寻找和搞到这些东西，他们费尽心思。除了这些工具，每个人还需要普通的衣服、纳粹通行证和身份证，以及地图、指南针和食品等一切可以用得上的东西。担任此项任务的战俘不断弄来任何可能有用的东西，其他人则有步骤、坚持不懈地贿赂甚至讹诈看守以得到东西。

250 多名战俘每个人都有各自的分工，做裁缝、做铁匠、当扒手、伪造证件，他们月复一月地秘密工作，甚至组织了一些掩护队，以吸引德国哨兵的注意力。此外，他们还要负责"安全问题"，德国人雇用了许多秘密看守，混入战俘营，专门防止越狱，"安全"队监视每个秘密看守，一有看守接近，就悄悄地发信号给其他战俘、岗哨和工程队队员。这一切工作，由于众人的密切协作，在一年多的时间内竟然躲过了纳粹的严密监视，令人不可思议的是，他们成功地完成了这一切。

这 250 多名战俘是"能者尽其劳，智者尽其忧"，分工合作，将团队精神发挥到了极致，所迸发的力量巨大惊人。许多伟大而艰巨的任务，都是整个团体成员协作产生的成果。如此多的人在如此艰苦的条件下越狱，若是不能团结协作，是根本不可能的事。可见，认识到团队协作是多么重要。

20 世纪 60 年代中期，日本创造了经济腾飞的奇迹，一跃而成为世界经济大国，竞争力也跃居世界前列，为世界瞩目。但其实日本的本土条件并不是非常好，一来国土狭小，二来物质资源也不丰富，能在短短的二三十年间就跻身世界经济强国，着实让人觉得不可思议。为探求日本经济迅速提升的秘密，以美国为首的西方国家对日本企业展开了深入的研究。结果发现，如果以日本最优秀的员工与欧美最优秀的员工进行一比一的对抗赛，日本的员工多半比不上欧美的员工；但如果以班组和部门为单位进行比赛，日本总是会占上风。原因在于，欧美的企业是由少数人来主导的，工作由上级以命令的形式发布。

在鼓励个人奋斗的欧美社会，组织内经常会发生内耗，无法形成真正的团队竞争力。在日本的企业中，员工有着强烈的归属感，故而工作勤奋认真，都全身心地投入企业中。而企业则能充分发挥全体员工的智慧，注意调动每一位员工的能动性，培养协作精神，使员工结成坚强的团队，从而产生了巨大的竞争力。这一结果表明，团队能够使公司生产水平和利润增加，使公共部门的任务完成得更彻底、更有效率。这也就是团队盛行的原因所在。于是，他们得出一个结论：日本企业竞争力强大的根源，不在于其员工个人能力的卓越，而在于其员工"团队合力"的强大，其中起关键作用的就是那种无处不在的团队精神。

因为性格、学识、阅历等各方面的限制，都很难独立做成一件创造性的工作；没有团队精神的人在一起只会不利于甚至抑制各自优点的发挥。而良好的团队精神能将众人的长处集于一处，达到的效果自然比单打独斗和一群不会合作的人要好。

"单丝不成线，独木不成林"，一个人的能力是非常有限的，在这个竞争激烈的时代，仅凭一己之力是很难取得很大的成功的。我们通过与别人的合作，除了发挥各自的优势之外，还能因彼此思想的碰撞产生创造力的火花。

一个人靠一种精神力量生存和发展，因为他的理念决定他的生存状态。一项事业也是如此，如果无数人的个人精神融会成一种共同的团队精神，那么辉煌的事业就会从此开始。

在分享中享受"共赢"的成果

人是群体的动物，离开了群体，人就不能健康成长。随着社会的发展和形态的多样化，群体的组织形式也越来越发达。除家庭、社区外，还有学校、工厂、公司、军队、政府部门等具有组织性的社会群体。对于20多岁的男人来说，适应社会和认识社会最好的方法就是走向某个社会群体，使自己社会化，承担社会责任，获得成长。要知道，个人的成长与进步，离不开社会集体的影响。

一家大型家族企业下面有很多办公室，总裁年事已高，打算好好锻炼一下自己的儿子，他让儿子以一个普通员工的身份到各个办公室体验一下工作的趣味。这个年轻人走了不少办公室，也学到了不少东西，他发现，绝大多数的办公室看起来都是忙忙碌碌、秩序井然的样子，大家似乎连笑的时间都没有。唯独市场部的一个办公室里总是洋溢着笑声，而且他们的业绩在全公司是最好的。他很奇怪，就决定在这间办公室多待一段时间。

经过一段时间的观察，他发现，秘密竟然出现在一个叫老王的员工身上。老王这个人学历不高，薪水也不是很高，但最大的特点就是特别爱和别人分享一些自己的事情。比如他爱人生了女儿，他一大早就冲到公司对大家喊："我当爸爸了！"每个月发了奖金，虽然他拿的比别人少，但是他总会买些零食回来："来来来，发奖金了，我请客。"每次擦自己的办公桌的时候，他也总是帮那些不在的同事一起收拾干净。别人有什么困难，只要是他能帮得上的，二话不说，马上过去帮忙。在老王的带动下，整个办公室的人都十分开朗，大家的集体活动比较多，下班后经常一起出去玩，而不是像其他部门那样各回各家。在这样的环境下，大家的工作效率自然就提高了很多。

几个月以后，董事长问儿子："在这几个月里，你都学到了什么？"

年轻人回答："我学到了很多东西，但是最重要的一点是，我学会了与人分享。"

分享，是一种成功的境界，是一种智慧的升华，是与人方便、自己方便的领悟。分享爱，分享劳动，分享喜悦乃至分享痛苦，这都是一个团队所需要的。有些人在工作当中往往喜欢斤斤计较，干什么事情总害怕自己会吃亏，更怕让别人得了便宜。这样的人就是没有领悟到分享的真谛，也不可能与整个团队拧成一股绳，最终吃亏的，只能是自己。

小张是一家大公司的出纳，由于公司规模很大，财会部门就设立了两个办公室。小张的办公室在6层的最里边，十分隐蔽，而且从窗户可以眺望不远处的公园的美丽风光。因此，公司的许多同事都喜欢聚在他的办公室聊天，哪怕只是临窗看看公园，也能驱赶些工作的劳累。因此，小张的办公室在休息时间总是有许多人，大家坐在一块儿互相交流工作心得、谈谈公司制度的缺陷，而公司的一些管理者也都愿意来到小张的办公室与大家一起交流。

刚开始时，小张觉得没有什么，然而，随着时间的推移，小张变得越来越无法忍受这种情况。

他私下抱怨："太多的人在我的办公室，我的工作都被影响了。""窗外的景色虽然很美丽，但我却从来没有仔细欣赏过。"于是，他就在办公室的门把手那儿挂了一个牌子，上面写着"工作中"。这样，小张就可以一个人安静地工作了，自己想做什么就做什么，窗外那一大片美丽的风景也独属于他自己了。

开始时，一些同事还是三五成群地在休息时间来串办公室，但是，小张总是说："我在工作，我要工作，没有时间休息。"随着时间的推移，同事不再来他的办公室，即使来了，也只是因为工作的关系。

一段时间后，小张成了公司内的孤家寡人，同事们都不愿和他交流，工作出现问题时，同事们也不再热心地帮助他。

后来，由于公司的经营出现了一些问题，不得不裁减人员，裁减人员名单上的第一个就是小张。

不懂得与众人分享的小张是自私狭隘的，最终只能落得淘汰的结局。而真正伟大的人，从来都是懂得与别人分享的，例如懂得分享的企业老总总是会说，所有的一切是属于公司员工的；获得巨大成就的科学家会说，成绩是属于整个研究集体的；每个奥运冠军站在领奖台上发表感言的时候，说得最多的一句话就是："我感谢我的教练，感谢我的家人，感谢我们的团队，感谢所有关心、支持我的人。"这就是一种荣誉的分享，这些简单的话让所有人感到如沐春风，试想一下，如果他在台上这样说："我之所以取得今天的成绩和别人无关，完全是我个人努力的结果。"大家一定会对这个人的品行感到厌恶，他的团队也不可能一如既往地支持他。

精诚合作、集思广益是人类最了不起的能耐，它不仅可以创造奇迹，开辟前所未有的新的天地，也能激发人类的潜能，即使面对人生再大的挑战都不畏惧。两根木头所能承受的力量大于个体承受力的总和。俗语"一根筷子容易断，十根筷子断就难"也说明了合作的力量。对于个人来说，只有让自己的才华融入整个团队，学会与别人分享、合作，才能实现工作上的双赢，才能收到 $1+1 > 2$ 的效果。

　　所以，当你在工作中做出一些成就时，千万别独享荣耀，否则会为你带来人际关系上的危机。"居功"的确可以凝聚别人羡慕的目光，可以给自己带来很大的成就感，但如果你只想把功劳一个人占尽，企图让光环仅围绕自己一个人转，那就不是自私而是极度愚蠢了，因为这不仅不会给自己带来更多的好处，甚至还会引火烧身，激起公愤，最终害人害己。但凡成功之士，都不是故步自封独自发展，而是在分享的过程中达到共赢的结果的。

　　人在有生之年，应将智慧、学问，传灯千古；运用财富、能力帮助别人。当自己快乐时，要学会与众人分享。别人在分享你的快乐时，也会感受到你的善意与友好。若把好的东西独享、独乐，只是偷着乐，产生的价值是很有限的，反倒让人觉得很自私。

　　佛家说，这个世界是众缘和合而成的，不是属于某一个个人所有，因此，除了自己以外，还有很多人休戚与共地生存着。既然大家共存于这个世间，那么彼此应该互相了解、互相帮助，大家和平相处，共同关心属于大众的每一个问题。一个人的快乐只有一份，如果你把快乐和很多人分享，你就会有很多份快乐。所以，快乐重在分享，只要学会和别人分享快乐，你就会变得更快乐。

第十章

爱就疯狂，不爱就坚强

愿有素心人，陪你数晨昏

　　爱情是维系社会的一股力量，既然人是由爱而生，就不能离开爱。爱有正当的，有不正当的。正当的爱就是绿灯，不正当的爱就是红灯。爱情中的真浪漫给我们带来美好的感受，相反，扭曲的爱会带来痛苦和无奈。放弃一个爱你的人并不痛苦，放弃一个你爱的人才是痛苦，爱上一个不爱你的人更加痛苦。爱情必须是双向的才能开花结果，所以在爱情这条路上时，必须要遵守红绿灯规则。

　　真正的浪漫是有原则的，畸形的爱情要不得。所谓红灯的爱，是不合乎伦理道德、不合乎身份、不合乎规律的，是社会所不认同的。例如，没有获得对方同意，一厢情愿地追求，甚至以非法手段强迫对方顺从，乃至骗婚、抢婚、重婚等法律所不允许的行为。这种红灯的爱，必定充满危险。

　　20世纪30年代上演的一部名为《盲目的爱情》的电影，讲述同窗好友俞汝南和尤温，同时爱上了女伶王幽兰。王幽兰属意俞汝南，于是多次婉拒尤温的邀请。一日，尤温眼见王幽兰、俞汝南相处，妒火中烧，打瞎了俞汝南的眼睛。王幽兰誓为俞汝南报仇，却被尤温关禁于土窟。俞汝南整日沉溺于思念中，其表兄蔡君遂骗汝南，说王幽兰已死。时光荏苒，两人俱已年老，王幽兰终于逃出土窟，来见俞汝南。俞汝南摸得王幽兰枯老的面孔头发，怒斥用一个老丑妇人来假扮王幽兰。王幽兰大受刺激，拔刀自刎。她临终忍痛唱一首自己曾经唱过的歌。俞汝南幡然醒悟，然而王幽兰已含泪九泉。

　　俞汝南、尤温、王幽兰三人间的爱情悲剧深深地触动着人心，同时也告诉世人，盲目的爱情有多么可怕。真正的爱情，即便是在情感浓厚的时候，也不失去理智；只有在双方你情我愿的情况下结合，爱情才会长久。

爱情是一种浪漫的体验。这种体验使任何事物在恋爱者的眼中，都是一种美好。爱情中不能没有浪漫，没有浪漫，也就没有了爱情，爱情建立在双方相互的好感而出现的良好氛围之上；然而，爱情的浪漫毕竟只是一种主观的、很缥缈的东西，总是依赖于一种现存的事情上，没有现实做基础的爱情也是不牢固的，有一天泡沫破了，梦也就醒了。

只顾眼前的纯浪漫主义者，其生活很可能会过得很寒酸和自欺欺人；而完全埋头于实际事务中而没有想象力的现实主义者，他们的生活又是多么枯燥乏味，生活需要二者适度结合。

其实，真正的爱情，既不缺乏物质基础，更会让人感到精神满足。在爱情中，女孩往往比男孩更容易感情用事，更倾向于追求浪漫的情节而忽视现实因素。

浪漫女和现实男是一对恋人，他们两人如漆似胶地相爱着，真可以说是一日不见，如隔三秋。

一次，为了考察现实对自己的忠诚程度，浪漫问："你到底爱不爱我？"

"十二分地爱你！"现实回答。

"那假设我去世了，你会不会跟我一起走？"

"我想不会。"

"如果我这就去了，你会怎样？"

"我会好好活着！"

浪漫心灰意冷，深感现实靠不住，一气之下和现实拜拜，去远方寻觅真爱。

浪漫首先遇到了甜言，接着又碰见蜜语，相处一年半载后，均感不合心意。过烦了流浪的日子，浪漫通过比较，觉得现实还是多少出色一些，就又来到现实面前。

此时，现实已重病在床，奄奄一息。

浪漫痛心地问："你要是去世了，我该咋办呢？"

现实用最后一口气吐出一句话："你要好好活着！"

浪漫猛然醒悟。

看了上面的小故事，我们无法不为它的真实所震撼。其实，真正的浪漫，来自对生活的真实面对，来自对爱人的真心付出。男孩不肯用虚华的甜言蜜语来欺骗女孩的感情，这正是出于发自心底的真爱，也是对女孩和自己人生的负责。

人所共知，爱情之火活跃、激烈、灼热。但爱情也是一种朝三暮四、变化无常的感情，它狂热冲动，时高时低，忽冷忽热，把我们系于一发之上。爱情的不定性让人常常失去理智。所以我们应当了解哪些是红灯的爱，哪些是绿灯的爱。在爱情这条斑马线上，看清红绿灯，才能审慎前进，才能让自己在爱情的道路上走得更加顺畅，获得幸福的生活。

真正的浪漫不是浅薄的、程式化的甜言蜜语，也不是死去活来的心灵激荡；它应该是一种切实的温馨与美好，是一种真正地、全心全意为对方着想的相互关爱。彼此携手，互相扶助，共担现实生活的风雨；以一颗浪漫美好的心，认真地生活——这才是爱情的真谛！

我爱你就像十除以三

生活的浪漫，不在于物质的富足，而在于精神上的不放弃；爱情的浪漫，不在于给予了多少奢华，而在于你有没有一颗执着的心灵，将你们的爱情进行到底，将你们的感情升华为最美丽的神话天堂。

"二战"中，一个日本男孩被迫从军，与他的未婚妻分离。

平时，他们每次约会总是约在某棵大树下见面。男孩因为工作关系，每回总是迟到。每次他迟到的第一句话都是腼腆地说："对不起，让你久等了。"但那女孩总是笑着对他说："还好，我也没有等很久。"

起初，那男孩以为是真的，后来有一次他准时到，却故意在一旁等了1个小时才过去，没想到，那女孩儿一样露出微笑说着同样的话。

　　他终于明白，不管他迟到多久，她总是为了不让他尴尬而体贴地骗他。他在被派去从军前，为了怕一去不知几年，或回来人事已非，便与她约好，回来彼此如果找不到对方，就记得到这棵大树下等。

　　弹指间，二十年过去了，他都没有回来，因为他流落在韩国，曾被炸药击中的他，因昏迷而失去记忆力，直到十来年过去了，他才在无意中恢复。然而，他已经在韩国娶妻，而他也相信他的未婚妻应该以为他已经死了。

　　又过了几年，他的韩国妻子病逝。于是，他带着一颗忐忑的心回到日本。

　　他一下飞机就直奔那棵旧时的大树。出租车越行越近，他的心也越来越茫然。映入眼帘的都是繁华喧嚷的商店街，哪里来的大树呢？

　　他站在原地发了一阵子呆。

　　准备离去时，他忽然看到不远处有个摊贩，于是想，买包烟抽抽也好。他走上前，向那位摊贩说他要一包烟。那蹲在地上的摊贩缓缓地抬起头，两人目光交会的一刹那，他看清楚那个摆摊的人竟是他昔日的未婚妻。

　　他顿时泪流满面，她一定是为了怕他回来找不到她，又不知他会什么时候回来，于是决定在这个地方摆摊等他。

　　他说不出一句话。

　　许久，他只好依旧轻轻对她说了句："对不起，让你久等了。"

　　她照样还是给他一个微笑："还好，我也没有等很久。"

　　追逐爱情的路上，没有笔直的通道。只有坚持不懈，才能到达幸福的彼岸。可是在生活中，又有多少人能够坚守住自己的心，在困难中不动摇呢？

　　在奥运会上，马拉松长跑一直都很吸引人们关注的目光。可是，我们却常常看到，在起跑的时候有很多人，到了中途却越来越少，最后能够坚持到达终点的也所剩无几了。

做事情，只要你不坚持到最后，前面的努力和心血就可能都白费了。只有经得起风吹雨打及种种考验的人，才是最后的胜利者。因此，不到最后一刻，千万不要轻言放弃。

婷和明恋爱的时候，虽然因为两人分在不同的学校不能经常见面，但常常通电话。每次打电话，两个人总要缠绵许久。末了，总是婷在明一句极为不舍的"再见"中先收了线，明再慢慢感受空气中剩下的温馨，还有那些难舍难分的言语。偶尔一两次，婷不愿意先挂，明就一直坚持下去。但后来，两人还是分手了。

婷属于那种高回头率的女孩，身边从来不缺追求者。她很快就有了新男友华，帅气，豪爽。女孩很得意，以为找到了一个比明更帅的男友。可她渐渐感到，她和华之间好像缺了点什么，是什么呢？她也不知道。只是和华通电话时，婷总感到自己的"再见"还只说了一半，华那边已经"啪"的一声挂了线，婷感到那刺耳的声音在空气中结成冰，纵使通话时有再多的温情都像是转了个僵硬的弯。终于有一天，婷和华吵架了，华很不耐烦地转身走了，很潇洒的背影。婷很难过，却仿佛还掺杂着一种解脱。也许是脆弱吧，婷想起了明——那个每次通话要听完她"再见"的傻男孩。

一股热气从婷的心里升起，她很冲动地拿起电话，拨了明的号码，久违的声音传来，好像很深沉，好像多了一点苍老。婷一阵难过，慌乱地说了声"再见"，可这次婷没有收线，一种莫名的情绪让她静静聆听电话那头的沉寂。不知过了多久，明的声音传了过来："为什么不挂电话？""为什么你总要我先挂呢？"婷抽噎着。"习惯了，"明平静地说，"习惯你先挂电话，这样我才放心。""可是，"婷说，"你觉不觉得后挂线的人总会有些遗憾和失落？"

"所以我宁愿把这份失落留给自己，只要你开心就好。"当明的声音再次传来，婷终于控制不住，"哇"的一声哭出来，她终于明白，没有耐心听完她最后一句话的人，不是她一生的守望者！

"爱情是什么？"这是一个古今中外的人们所共同追寻的话题。爱情，也许是情人节的玫瑰，也许是月光下的牵手，也许是一个吻、一个拥抱，也许是直教人生死相许的轰轰烈烈。但所有的也许中，最接近谜底的，或许就是怜惜。爱情就是怜惜，因为怜惜对方，所以宁可牺牲自己，宁可自己遗憾，宁可自己失落，宁可自己孤单守候。就像那首诗所描写的："我爱你，不是因为你能为我做什么，而是因为我能为你做什么。"

爱情有时候就这么简单，一个守候，便能说明一切。

你是我的余生，我是你的将来

一台用久了的冰箱，就算当初买的时候配置再高端，也会显现出岁月浸洗的痕迹，功能渐趋老化，甚至会有很多毛病。这时，你是不是应该扪心自问一下：自己平时的保养和维护工作是不是没做到家甚至压根没保养？

同样，当恋爱或婚姻进入第 N 个年头，当初的甜蜜和激情被琐碎的日子研磨得平淡且乏味，各种矛盾不时出现时，女人也需要对它进行精心养护——清除各种矛盾，时不时增添浪漫、体贴与爱恋，尝试一些新鲜内容，培养共同的兴趣爱好，让生活重新燃亮，感情才能历久弥新、甜甜蜜蜜。

有的女人，不仅长得温柔美丽，而且持家有方。不管丈夫在外面遇到怎样的困难，她都会耐心地听他倾诉心中的苦水；不管丈夫回家发多大火，她都永远不吵不嚷；每天丈夫回到家，她总是做好饭菜等他，并给他烧好洗澡水。

这样的男人生活在别人羡慕的目光中，但是也可能会觉得这样的生活没有了激情，没有了变化，平静中似乎暗藏了一丝让他压抑的成分。

如果有那么一天，这个男人离开了，那这样的女人就会如五雷轰顶一般，她肯定不清楚，自己这样默默努力，这样不求回报的付出，为什么会换来这样的结果。其实，女人这样做的确是已经足够好了，这样的生活方式刚开始可能让男人有那么一点兴奋甚至是感激，但长此以往，必然要产生审美疲劳。

分析一下，男人之所以离开，有一个深层的原因就是，他在家庭中已经找不到任何激情的元素了。也许每天面对的是一个温柔似水的女子，默默如细雨，柔柔的情思，然而，若一年三百六十五日都以同样一种面孔对待不同的事情，男人在女人的身上看不到变化，没有任何新鲜的感觉，哪怕是一句激情的话语，哪怕是一句无理的嘲弄，那将是多么的乏味。

电影《手机》中的费老有句台词："二十多年睡在一张床上，确实有点审美疲劳。"一时间，"审美疲劳"一词被人常挂在嘴边，几成经典。

一个人每天都吃满汉全席，也会腻烦，何况是感情，何况是家庭。不管是谁，都会在这种恒定的环境下出现不恒定的感情，不变的女人会将生活变成一潭死水。女人对男人总有很多这样那样的要求，男人对女人同样也是如此，他们希望自己的女人能够"上得厅堂，下得厨房"，更重要的是在自己的面前能够展现出很多新鲜的版本。

伴侣虽然是不同的两个个体，但是，如果兴趣爱好方面没有任何交集，长久下来，你就会深深体会到维系感情有多艰难。聪明的女人，一定懂得如何培养兴趣，懂得如何将爱情长久保鲜。

"爱情经济学"，听到这个词，有人可能会觉得将爱情与经济挂钩，是在亵渎爱情的纯洁和神圣。确实，爱情是美好的，是罗曼蒂克的，是人类感情的最高象征，扯上充满铜臭的商业味道，以商业观点的角度来看待爱情，恐怕没有多少人可以接受。可是就像谁都无法回避吃饭一样，收益与成本的计算在我们的生活中每天都会发生。懂一点爱情经济学，用最小的代价俘获你的心上人，就好像用最少的钱买到你最中意的衣服一样，女孩子们都不会抗拒。

感情思想的投入也对爱情有着至关重要的作用。没有思想上、情感上的交流与互融，一个人不会无缘无故地爱上另一个人。感情成本是爱情成本里最为伤神、最为不好把握的一种投资。爱情的收益就是如果我爱你，你就得爱我，要不然就会感到伤心难过。不论我们怎么通达圆滑，爱情的来临势必要引起一些情绪变化。因为情绪比起其他方面，更容易带来负面连锁反应。这个世界上最输不起的投资就是得不到爱情的投资。感情上的投资之大，也是任何商业的投资所不能比拟的。感情是一种液体，就好比是水，没有给爱情投资以前满满一盆，一旦投入则如开泄的闸，很难收得住。所以如果没有管理情绪的能力，那么一定要三思而后行。

任何一种投资都有风险，爱情尤甚。爱情可能一触即发，也可能稍纵即逝，因为各种各样的现实的原因，爱上一个不能爱的人，爱上一个别有用心的人，爱上一个有障碍的人，这样的爱情投资一旦失败都会令人濒临情感破产。

真正属于你的，永远都不会错过

少男少女踏进青春的门槛时，自然会对异性产生好奇与爱慕。最初的爱情是美好而单纯的，然而就是因为它单纯，所以也脆弱。它往往是迫不及待、无比强烈地开始，经过短暂的激情很快就会搁浅。所以，如果你的爱在无望中结束时，请不要悲伤。

一个清秀的女孩失恋了。她来到当初她与以前的男友约会的公园里，伤心地哭了起来，她哭得很悲戚。很多人看她伤心的样子，都耐心地劝导她，可是，别人越是劝她，她越是觉得自己很委屈，她不明白为什么男孩不再爱她了。渐渐地，她逐渐由伤心变成了不甘心，又由不甘心变成了怨恨，她怨恨自己的爱为什么不能换来同样的回报，她怨恨他太狠心、太无情。她越哭越悲伤，难以遏止，陷于强烈的失落、自卑和悔恨中不能自拔。

一个长者知道她为什么而哭之后，并没有安慰，而是笑道："你不过是损失了一个不爱你的人，而他损失的是一个爱他的人。他的损失比你大，你恨他做什么？不甘心的人应该是他呀。再说，他已经不爱你了，你还要伤心、怨恨，来让这份失败的感情阻碍你今后的生活吗？"女孩听了这话，忽然一愣，转而恍然大悟。她慢慢擦干泪，决心重新振作，投入新的生活。

不是所有爱情都可以"在天愿作比翼鸟，在地愿为连理枝。天长地久有时尽，此恨绵绵无绝期"。所以，即便是唐明皇，最终也舍弃了他的爱妃杨玉环，任由上天结束那段千古传唱的悲剧。

人生在世，爱情全仗缘分，缘来缘去，不一定需要追究谁对谁错。爱与不爱又有谁可以说得清？当爱着的时候只管尽情地去爱，失去爱的时候，就潇洒地挥一挥手吧，人生短短几十年而已，自己的命运把握在自己手中，选择遗忘，恰是对这段感情最好的纪念，没必要在乎得与失、拥有与放弃、热恋与分离。

有一对性格不合的夫妇，丈夫 8 次提出离婚要求，而妻子就是死活不离。在法院判决中，女方总是胜诉，就这样一直拖了 29 年。29 年的岁月过去了，这位妇女的青春年华在拖延中消失了，乌黑的头发已成白发，红润的脸颊变黄了，刻上了一道道岁月的伤痕，身体也被折磨得满身病痛。

由于妻子的坚持，婚姻仍然存在，然而爱情早已荡然无存。她失去了幸福的家庭，失去了自己的青春，失去了健康的身体，也失去了再婚的机会，孩子也没有因此追回父爱。结果，法院还是判离了。离婚后不到两年，这位不幸的妇女就因病情加重而离开了人世。

这位妇女的一生都是悲惨和不幸的，然而她的不幸多是因为自己不肯放手，即便对方已经对她没有一点留恋，她还认为自己对他是有爱的，所以不会离婚。而这样，痛苦的却是两个人。

当爱情离我们远去的时候，我们要尽力挽留；当我们无法挽留的时候，最好的处理方式，就是遗忘，忘掉以前的愉快和不愉快。因为任何好的或不好的回忆，对于失恋者都是一种灵魂的刺痛。

当我们学会了遗忘，才会真正的解脱，才会学会宽容。有人说，经历了真正的爱之后，人才会成熟。不论结果如何，只要我们真心付出过，坦诚地对待过，也就不会后悔。成熟的心志，才会产生成熟的感情。青涩年华产生的爱情，单纯而无比美妙。但是，它通常很难经得起岁月的考验，很难历练成恒久、深沉的真爱。就让那些过去成为美好的回忆吧。

我们仍然年轻，我们还有很多时间和机会去寻找爱，重新去爱。我们有理由相信，总有一份爱在未来的日子里期待着我们。因此，当爱搁浅时，试着遗忘吧，也放松你的心灵。

在爱情上不要犯傻，要时刻警醒自己，爱也是可以选择的。在放手的同时，也是给自己一次新的选择的机会。放爱一条生路，也是给自己一条生路。

放开该放的，才能抓住该抓住的。学会遗忘那些抛弃你的人，他们不适合你。当你从痛苦中抬起头的时候，你会发现，幸福就在拐角处。

放手虽难，却是成全

想象中的爱情是一种理想，生活中的婚姻是一种现实。现实和理想难免有出入，所以，当一切最初的浪漫变换成现实中的柴米油盐等实际的事物，那一切问题便接踵而来。

每个人都希望自己永远拥有幸福美满的爱情，而且都刻意把握自己拥有的爱，其实越是想抓牢自己的爱情，反而越容易失去自我，失去彼此间的宽容和谅解，爱情也会因此而变成毫无美感的形式。这样，当爱不再是一种依恋，而成为一种羁绊，复杂的感情会让曾经相爱的双方身心疲惫，拉锯式的爱情也会让双方饱尝痛苦的折磨，无法正常工作、生活，更甚者还会造成精神和心理的疾病。所以，当你面对一份复杂的感情时，还是及早放弃吧，到那个时候，你便知道放弃也是一种美丽。

　　24岁的张华和男友经历了5年的恋爱长跑，其间有过无数次的争争吵吵、分分合合，可最后两个人还是走在了一起。就在两个人快要结婚的前一个月，因为一些生活习惯的问题再次爆发了激烈的争吵。

　　以前数次的争吵，总是过不了多久就会重归于好，可这次，张华觉得两个人都属于个性极强、急性子的人，以后遇到矛盾谁能忍让呢？难道结婚以后也一直这么吵下去吗？她已经对这种周而复始的争吵厌倦了。

　　她想起过去买的一双鞋子，很漂亮，像一双精致的工艺品。就是因为太喜欢那双鞋子了，当初试穿时虽然左脚有些挤脚，可店里又没有第二双了，她还是买了下来，以为多穿穿就会适应了。

　　没想到过了很久，还是不合脚。每次穿着它出门都得忍受疼痛，回到家左脚的脚趾都会红肿。后来这双鞋子一直放在鞋柜里，每次换鞋时看到它，都会遗憾地摩挲一下它精致的鞋面。

　　张华现在看到她的男友，就会想起那双鞋子。当初在一起时，只是出于爱慕，但并不了解男友是否适合她。当她发现两个人彼此不合适的时候，在一起已经太久了，谁也不忍轻易放弃，维系两人关系的其实只是一种不舍的心情。漫长的5年并没有使两个人和谐相处，而依恋却很深。就这样两人走进了一个死胡同，只要两个人在一起，就不免摩擦得血迹斑斑，然而时间越长，就越不舍，于是两个人在伤口愈合后，又开始彼此之间新的伤害。

　　可惜无论在一起多久，不合适的终究不合适，就像那双鞋子，多穿一次，并不能让它更合脚一些，而只是让自己多经受一次痛苦。所以当你发现自己喜欢的鞋子并不合脚的时候，应该果断地把它丢弃。

选择恋人如同选择鞋子，只有合脚的才是最好的。往往你很懂得选择。无论是简单的购物，还是对于工作、学习、生活的选择。而当遇见爱情的时候，你却忘记了选择，或不会选择了。在爱的选择中，人们常常做出愚蠢的举动。

不要忘记，爱也是可以选择的。如果想要拥有一份真正的爱情，也需要我们像买东西一样精心挑选。如若出现了什么问题，我们一样也要退换，不要在抱怨声中滞留。

爱情也是会出现质量问题的。毕竟爱情是两个人的事情，彼此个性的不同会使爱情中产生很多问题。爱情的保质期究竟有多长，判断爱情消逝的标准又是什么，很多人都在研究。

当你的另一半已经品性不端，或者三心二意、对你冷漠的时候，很显然，你们的爱情已经出现了问题。如果可以补救那固然很好，可是有时爱情已经变质到无法挽回，这时勉强在一起也没有好结果，甚至容易因爱生恨。那么我们为什么不去做新的选择，放爱一条生路呢？

在爱情上不要犯傻，放爱一条生路，也是给自己一条生路。

当爱情如芒在背，受伤的双方无法照亮彼此的心，那么拯救自己的唯一办法，就是放弃这段伤痛。但不要因为一次失败的感情从此就不再相信爱情，只要你还拥有一颗能爱的心，那么相信在尖锐的疼痛中你仍能看到爱情的光芒。如果不是实在无路可退，那么请不要选择放下曾经的爱；如果真的毫无退路，如果那份爱对你来说已是地狱，那么放弃也许是你唯一的选择。

当爱成为樊篱，当感情已经逝去，那么，不要犹豫，不要留恋，该放弃的就放弃吧！

适应婚姻与爱情的温差

王子和公主走进结婚礼堂，故事戛然而止。"从此，他们幸福地生活在一起"，一句话而已，想来却又是那样的不易。实际上，婚姻生活远比爱情来得更长久、更细致、更现实。婚姻能够彻底地改变一个女人，从外表到内心。爱情和婚姻的温度是不同的，爱情是滚烫的，而婚姻却是温凉的，许多人正是由于无法适应婚姻与爱情的温差，而让双方的感情越走越远。

一对曾经让人羡慕不已的恋人，在结婚一年后吵吵闹闹地走上了法庭，要求离婚。朋友、家人都十分惊讶，力图去劝说他们："相恋5年，多少次花前月下，为什么反目成仇呢？"妻子委屈地说："他曾说爱我一辈子，可是现在他宁肯欣赏那些街上的漂亮女孩，回到家，也懒得看我一眼，还挑三拣四。"丈夫生气地说："你不也一样，在街上、班上都能和颜悦色温柔体贴地对待每个人，回到家里，总是冷着个脸，絮絮叨叨，总是强词夺理，越来越像个泼妇！"

调解员说："你们都希望对方永远爱自己，可是却受不了生活中的平凡琐事，自己反省一下，是否是这样的情形？你们有很深的感情基础，生活应该多制造一些爱的氛围，平凡的生活也有其独特的魅力，试着去寻找吧！"

婚姻永远是由无数个琐碎的细节叠加而成的，所以说琐碎的生活成就了爱情的永远。在琐碎中，发现乐趣，在琐碎中互相谅解，这是成功夫妻的宝典。长久的婚姻源自人格独立。婚姻是一对一的自由，一对一的民主。不要偏执地认为"你是我的"，那样就会使自己的爱巢变成囚禁对方的监狱，里面的人十有八九想越狱，只是看她或他有没有胆量而已。不要改变自己，更不要试图去改变对方，而应该各自把自己调整到一个适度的空间，既要相守，也要让彼此独处。在婚姻的土壤中，让两棵个性之树自由成长，自然可以收获幸福的果实。

一位社会学博士生，在写毕业论文时糊涂了，因为他在归纳两份相同性质的材料时，发现结论相互矛盾，一份是杂志社提供的4800份调查表，问的是：什么在维持婚姻中起着决定作用（爱情、孩子、性、收入、其他）？90%的人答的是爱情。可是从法院民事庭提供的资料看，根本不是那么回事，在4800对协议离婚案中，真正因感情彻底破裂而离婚的不到10%，他发现他们大多是被小事分开的。看来真正维持婚姻的不是爱情。

例如0001号案例：这对离婚者是一对老人，男的是教师，女的是医生。他们离婚的直接原因是：男的嗜烟，女的不习惯；女的是素食主义者，男的受不了。

再比如0002号案例：这对离婚者大学时曾是同学，上学时有3年的恋爱历程，后来分在同一个城市，他们结婚5年后离异。直接原因是：男的老家是农村的，父母身体不好，姐妹又多，大事小事都要靠他，同学朋友都进入小康行列，他们一家还过着紧日子，女的心里不顺，经常吵架，结果就分手了。

再比如第4800号案例：这一对结婚才半年，男的是警察，睡觉时喜欢开窗，女的不喜欢；女的是护士，喜欢每天洗一次澡，男的做不到。俩人为此经常闹矛盾，结果协议离婚。

本来这位博士以为他选择了一个轻松的题目，拿到这些实实在在的资料后，他才发现《爱情与婚姻的辩证关系》是多么难做的一个课题。他去请教他的指导老师，指导老师说，这方面的问题你最好去请教那些金婚老人，他们才是专家。于是，他走进大学附近的公园，去结识来此晨练的老人。可是他们的经验之谈令他非常失望，除了宽容、忍让、赏识之类的老调外，在他们身上他也没找出爱情与婚姻的辩证关系。不过在比较中他有一个小小的发现，那就是有些人在婚姻上的失败，并不是找错了对象，而是从一开始就没弄明白，在选择爱情的同时，也就选择了一种生活方式。

　　就是这种生活方式的小事，决定着婚姻的和谐。有些人没有看到这一点，最后使本来还爱着的两个人走向了分手的道路。走进婚姻，不意味着放弃爱情，虽然爱情是热烈的、滚烫的，婚姻是真实的、温凉的。其实，只要二者真正融合，就会发现这才是人生最舒服的温度。

好的感情，是你的未来我奉陪到底

　　电视剧《金婚》讲述是一对夫妻在漫长的50年婚姻生活中的琐碎，有初婚的甜蜜，有相互的指责、争执，有中年的疲倦，有遭遇外来诱惑的犹豫，到最后老年的相濡以沫，真实而生动地展现了婚姻的真谛。爱是永恒，但爱不仅仅是玫瑰的娇艳，也有咖啡的苦涩，这才是真正的婚姻，这才是真正的生活。

　　而在童话故事中，无论是灰姑娘，还是白雪公主，她们都最终和心爱的王子"有情人终成眷属"。故事到此戛然而止，人们从来不去猜想接下来他们的婚姻生活如何，是不是也有争吵？是否也有抱怨？是否也会因"七年之痒"而劳燕分飞？他们真的就能相敬如宾、白头偕老？人们不愿去想，只愿意去品味爱情的浪漫、甜蜜，而不愿去想象婚姻的琐碎。

　　正所谓："相爱容易，相处太难。"如果说相爱是一个甜蜜醉人的梦，那么相处就是一个不识相的闹钟。不可否认，爱情常常是在一个充满想象的空间里，因为思念、回忆、憧憬和距离而愈加美丽动人。而当距离消失，想象便失去了飞翔的翅膀，爱情如仙女落入凡尘，柴米油盐、喜怒哀乐、生老病死交织而成的平淡生活渐渐洗去了她的铅华，生活的现实几乎掩盖了浪漫的光环。往日炽热专注的目光变得漫不经心，不厌其烦的绵绵情话变成了言简意赅的三言两语，平日看不够的举手投足渐渐觉得有些碍眼……是不爱了吗？那曾经有过的一切分明历历在目。还爱吗？感觉似乎又不同于从前……

爱情是两个人相互爱慕相互倾心的丰富的思想感情，它是精神的，所以也是浪漫的，可以不考虑明天的早餐，可以不考虑烦人的家务，可以不考虑柴米油盐酱醋茶，只管尽情地谈情说爱聊些风花雪月的事；而婚姻是两个人因结婚而产生的夫妻关系，一提结婚自然要买房子买家具，也必然要穿衣吃饭生孩子，衣食住行一样也不能少，而这些都是物质的，深深地扎根在现实的土壤里，因此它是现实的。

在《读者》杂志上有一则小故事：一对性格完全不同几乎是水火不相容的人，却成就了五十多年的好姻缘。有人问老妇人，这么长的岁月，怎么走过来的，她答一个"忍"字；又问男主人，他答一个"让"字。听似不可思议，实则金玉良言。如果两个人是相爱的，你不能容忍他或她，你也就不能忍耐除他或她之外任何一个你重新选择的人，你也就永远无法拥有一份长久而真实的感情，除非你真的不爱。

长久的婚姻源自相互尊重。只有懂得尊重对方，才能得到对方的尊重，不仅要尊重对方，更要紧的是爱屋及乌，尊重对方的父母兄弟姐妹以及对方的亲朋好友。如果你瞧不起对方的家人，更有甚者将对方家人推到了自己的对立面，这种做法非常愚蠢，这样做会使自己陷入孤立无援的境地，对你婚姻的稳固将是致命之伤。

长久的婚姻缘自相互疼爱。无论是男人还是女人，都兼有疼人和被人疼两种需要。最好不要以为你遇到了一个只想疼人不想被人疼的纯粹母亲型的女人，夫妻就应该像一双筷子，生活中的酸、甜、苦、辣、咸一起品尝。她下班了，你给她端上一杯凉白开；你躺在沙发上睡着了，她轻轻为你盖上一床被子……也许都是小事一桩，微不足道，但是只有这种小爱才能在漫长的岁月中，一点一滴地渗透到心窝里，融化在血液中，才能天长与地久。

长久的婚姻源自相互理解。当你遇到挫折时，她不说一句有损你尊严的话；当你意气用事时，她娓娓解说事理给你听；当你心情不好时，她绝不和你一般见识；你若开颜她先笑，你若烦恼她先忧，她的欢喜会告诉你，但她的忧愁却不会轻易地向你表露；即使你们远隔千山万水，她也深信你。相互了解需要的是体贴、需要的是爱心。

爱情真正的天敌，是时间，是岁月，爱情要战胜时间和岁月，凭的是温情而不是激情，要的是宽容而不是占有，靠的是宽容而不是要求，有的是真诚而不是虚情。

我不贪心，一生只够爱一人

影视剧中对婚外情的描述大多是男人在外面偷腥，女人依然辛辛苦苦地在家里料理好一切等待丈夫归来。时下对男人婚外情描述的一句话就是："外面彩旗飘飘，家里红旗不倒。"仿佛人们都忽略了一件事——女人也爱婚外情。

人性追求刺激、完美和新鲜的那面，并非只有男性独有。女人是感性的，她们往往没有男人那么实际，而是喜欢追求一些虚的东西，比如精神或灵魂层面的。女人内心深处总会隐晦地渴望一些她自己也不能说明白的东西。越是有才情的女人，越是更追求这种自我感受的实现。

女人又多是爱浪漫的，梦想现实生活中能上演一出王子拯救公主的情节。她自己自然是那个公主，家庭、责任和种种压力更多地充当了牢笼的角色，如果这时候能有一个人在精神上了解她，而恰巧这个人又不是很丑，那么女人很可能会不顾一切地爱上这个人。

而女性在对待婚外感情的态度上和男人也大大不同。许多男人的婚外情与其说是婚外情不如说是婚外性，开始和维系这段婚外情的主要原因多半是因为性的吸引，就算是男人真正被婚外女子的才情与人格吸引，受种种原因的牵制，男人也多半不会选择离婚。而女人则不然，开始和维系婚外情的原因多半是因为被那个男人的才情与人格吸引，进而发展到有性的那个阶段，她们追求婚外幸福时往往比男子更勇敢、执着，会顶住种种社会压力毅然地追逐她认定的幸福。

诚然，有些女人因为婚外情得到了想要的幸福，而大多数女人则是落到了人财两空、进退两难的地步。对待婚外情女人到底怎样选择才是明智的呢？不妨听听《婚姻保卫战》中许晓宁对郭阳说的那段话，也许会对你有所启发。

"人啊，难免遇到诱惑的时候，眼花缭乱、意乱情迷，都有那么一段或长或短的迷惑期。这个时候一定要冷静下来，理智判断、选择，把这拨开迷雾的周期压缩到最短。那到底是什么样的生活，是我最想要的幸福？我们共同经营这么多年的相濡以沫，是谁也替代不了的。我反复问过自己很多次，如果我现在跟另外一个女人用同样的时间，也形成了这种默契，又能怎么样呢？我不是已经拥有这种幸福了吗？何必舍弃苦心经营这么多年的这个，去寻求那个未知数呢？有的时候得承认，我们很贪婪，有了爱情还不够，还要激情，我们不安于那种心静如水的生活，老想折腾出点浪花来，证明自己还沸腾。但是任何激情四射最后都是归于波澜不兴。婚姻的实质就是平平淡淡。所有的激情早晚有一天会退下去，但不是所有的激情都有造化变成爱情，要再转化成那种相濡以沫的亲情，更是少之又少，这剩下来的这个才是真正的爱。有一得，必有一失，如果你觉得幸福在握，就把它攥紧，别弄丢了。"

很多女人缺少生活的历练，却对婚姻生活要求太高，任何事情都想要一个结果，尤其在意老公在外面交了些什么朋友。生活中的是是非非很多，我们无法对每件事都做一个清楚的交代。这些看似聪明的女人其实都很愚蠢。她们总被生活牵着走，为了一点小事，就会歇斯底里，这种女人会老得很快。如果能够"糊涂"一些，女人就会远离很多烦恼，活得更加快乐，很难被婚姻的琐碎吹皱脸上的纹理。

婚姻原本就是简单的，是我们自己太过计较了，才变得越来越复杂。太过计较的人总是追着幸福跑，用尽全力也抓不住飘忽不定、转瞬即逝的幸福。每跨出一步，前面意味着什么，得到什么或失去什么，人未动心已远，何止一个"累"字了得。不要太过计较，糊涂一番又何妨？只有想得开，放得下，朝前看，才有可能从琐事的纠缠中超脱出来。假如对婚姻中发生的每件事都寻根究底，去问一个为什么，那实在既无好处，又无必要，而且破坏了生活的诗意。

女人们，面对种种诱惑和时不时的压力和疲倦，好好识别你想要的幸福，不要让原本的幸福溜走，也别把真正的幸福错过。幸福，有时需要你的坚守；幸福，有时也需要你的追逐。

对最喜欢的人，说最好听的话

婚姻生活中不尽如人意的事有很多，但与其抱怨批评，不如欣赏赞美，这样才会收获美满的生活。有人说，男女之间相知相爱是最重要的。其实，漫漫人生路上我们能遇到很多能打动我们的人，远远不止一个，我们不能和每一个动心的人相爱。在婚姻中的双方，由于长久地生活在一起，就会看到对方很多的缺点与不足，当爱的激情退却，仍旧保持婚姻的美好，重要的不是爱，而是欣赏优秀的人身上散发出的诱人光彩，他或她的独特的魅力；他或她不仅吸引着你，同时也吸引着和你同样有着鉴赏力的人。

约克郡一个贫穷的乡村里有一对老年夫妻，家里一贫如洗，于是他们想用家里唯一值钱的一匹马换回一些更有用的东西。商量妥当以后，老头子就牵着马赶集去了。老头子在路上先跟人换了一头母牛，又用母牛换回了一只羊，再用羊换了一只鹅，又用鹅换了一只鸡，最后竟用鸡换回了一大袋烂苹果。

他扛着大袋子在酒吧里休息，这时候遇见了两个英国人，他们在听了老头子赶集的经过后，都禁不住哈哈大笑起来，说他回到家，一定会被老太婆狠狠地揍一顿。老头子却坚定地说：肯定不会，我将得到的不是一顿痛打，而是一个吻。两个英国人说什么也不相信，他们嘲笑老头子异想天开，最后还用一袋金币和他打赌，然后三个人一起回到老头子的家里。老太婆见老头子回来了，高兴得把客人都忘了。老头子于是老老实实地把赶集的经过告诉了她。老太婆听得很专注，脸上没有一丝不愉快，始终是激动喜悦的表情。老头子每交换一次东西，她都加以肯定："感谢老天爷，我们有牛奶可以喝了。""哦，我们不仅有羊奶、羊毛袜子，还可以有羊毛睡衣。""今年的感恩节终于可以吃到烤鹅肉了。""太好了，我们将有一大群鸡了。""吝啬的牧师妻子说她连烂苹果都没有，但现在我却可以借给她十个烂苹果。"说完，她高兴地亲吻了老头子一下。

两个英国人看到此景心服口服，很爽快地给了一袋金币，他们说，他们很久都没有看到这么相互欣赏、恩爱的夫妻了。

如果农夫的妻子用"你看人家老公多聪明，你却……""你看人家的老公……"这样的心理去比较的话，一场不愉快或大战就可能爆发，可是她没有这样，而是一直用欣赏的眼光去看待丈夫做的每一次交换。是的，也许在物质上确实损失了很多，但是对于真心相爱的夫妻来说，保护爱，不让爱受到损失比什么都重要。用心去爱，用心去欣赏，你就会发现丈夫或妻子还是自己的好。

任何时候，我们都应该试着用欣赏的眼光看待人和事，你便会更坦然地面对一切了。人总是追逐新鲜的东西，和一个人相处久了，不免有两看相厌的感觉。但是世间没有一种情感是永恒不变的，所以，不要奢望你能拥有很多，用一种平常心去欣赏你的另一半，就像欣赏一幅画一样，你会很快乐，也会很坦然。那么面对诱惑，也就会变得很淡然了。

宋代大文豪苏东坡的妹妹苏小妹，生得清雅秀丽、全无俗韵、聪明绝世，嫁给当时同样是宋代大文人的秦观为妻。新婚之夜，秦观正要喜入洞房，却被苏小妹挡在门外。苏小妹隔门连出了几道难题，要秦观应答，何时答对了，才准进入洞房。秦观虽才思敏捷，也直到三更过后，才把苏小妹的难题全部答出，获准进入洞房。婚后秦观小两口诗来词去、夫唱妇和、相互欣赏、情深意长。最后苏小妹先秦观而卒，秦观思念不已，终身不再娶。

这段佳话，被后人写成醒世之言，就是有名的"苏小妹三难新郎"。可见，古人早已深谙夫妻恩爱之道。为夫为妻，或贫或富，都要相互欣赏。只有欣赏得深才会恩爱得深，而恩爱越深，相互欣赏的东西也就会越来越多。

"孩子都是自己的好，妻子都是别人的好"，婚姻中的男女都有一种奇怪的心理，即总是用自己孩子的长处去与别人孩子的短处比，而用自己妻子或丈夫的短处去与别人妻子或丈夫的长处比，并往往陷入痛苦不满之中而不能自拔。其实这真是自寻烦恼，每个人都有优点和缺点，如果你不把注意力专注在自己另一半的缺点上，而去欣赏她（他）的优点，你就会发现，生活会更美好。

图书在版编目 (CIP) 数据

你的格局，决定你的结局 / 宿文渊著 . —— 北京：
中国华侨出版社，2019.9（2020.7 重印）

ISBN 978-7-5113-7902-3

Ⅰ . ①你… Ⅱ . ①宿… Ⅲ . ①成功心理—通俗读物
Ⅳ . ① B848.4-49

中国版本图书馆 CIP 数据核字（2019）第 116460 号

你的格局，决定你的结局

著　　者：宿文渊

责任编辑：刘雪涛

封面设计：冬　凡

文字编辑：胡宝林

美术编辑：张　诚

经　　销：新华书店

开　　本：880mm×1230mm　1/32　印张：6　字数：170 千字

印　　刷：北京一鑫印务有限责任公司

版　　次：2019 年 11 月第 1 版　2020 年 7 月第 3 次印刷

书　　号：ISBN 978-7-5113-7902-3

定　　价：36.00 元

中国华侨出版社　北京市朝阳区西坝河东里 77 号楼底商 5 号　邮编：100028

法律顾问：陈鹰律师事务所

发 行 部：（010）88893001　　传　　真：（010）62707370

如果发现印装质量问题，影响阅读，请与印刷厂联系调换。